U0384523

碳达峰碳中和理论与实践

徐锭明　李金良　盛春光　主编

中国环境出版集团·北京

图书在版编目（CIP）数据

碳达峰碳中和理论与实践 / 徐锭明，李金良，盛春
光主编. — 北京：中国环境出版集团，2022.9
ISBN 978-7-5111-5294-7

Ⅰ．①碳… Ⅱ．①徐… ②李… ③盛… Ⅲ．①二氧化
碳—节能减排—研究—中国 Ⅳ．①X511

中国版本图书馆CIP数据核字（2022）第162347号

出 版 人	武德凯
责任编辑	丁莞歆
责任校对	薄军霞
装帧设计	Colin

出版发行　**中国环境出版集团**
　　　　　（100062　北京市东城区广渠门内大街 16 号）
　　　　　网　　址：http：//www.cesp.com.cn
　　　　　电子邮箱：bjgl@cesp.com.cn
　　　　　联系电话：010-67112765（编辑管理部）
　　　　　　　　　　010-67147349（第四分社）
　　　　　发行热线：010-67125803，010-67113405（传真）

印　　刷	天津科创新彩印刷有限公司
经　　销	各地新华书店
版　　次	2022 年 9 月第 1 版
印　　次	2022 年 9 月第 1 次印刷
开　　本	787×1092　1/16
印　　张	17.25
字　　数	200千字
定　　价	88.00元

【版权所有。未经许可，请勿翻印、转载，违者必究。】
如有缺页、破损、倒装等印装质量问题，请寄回本集团更换。

中国环境出版集团郑重承诺：
中国环境出版集团合作的印刷单位、材料单位均具有中国环境标志产品认证。

《碳达峰碳中和理论与实践》
编写委员会

学术指导

杜祥琬： 中国工程院院士，第三届国家气候变化专家委员会名誉主任、第二届国家气候变化专家委员会主任，国家能源咨询专家委员会副主任。

蒋有绪： 中国科学院院士，第一届国家气候变化专家委员会委员，中国林业科学研究院首席科学家。

李怒云： 教授级高工，博士，中国绿色碳汇基金会执行副理事长、创会秘书长，原国家林业局气候办常务副主任。

编写专家

徐锭明： 国家气候变化专家委员会（第二届、第三届）委员、国家能源专家咨询委员会副主任，原国务院参事、国家发展改革委能源局局长。长期从事能源发展战略研究、规划编制、重大工程实施等工作。

李金良： 中国绿色碳汇基金会原总工程师，第二届理事会理事，国家林业科技专家，教授级高工，博士。北京汇智绿色资源研究院创始院长、首席专家，北京汇智绿色科技有限公司执行董事，全国碳市场能力建设（成都）中心专家，国家自愿减排 CCER 林业碳汇项目审定与核证专家，加拿大 UBC 大学访问教授。长期从事碳达峰碳中和、林业碳汇开发与交易、低碳与应对气候变化、森林经营、生态产品等领域的研究与开发工作。荣获原国家林业局与中国林学会联合颁发的梁希林业科技进步二等奖（2016 年），参与完成的项目获国家科技进步二等奖。

盛春光： 副教授，博士，东北林业大学经济管理学院硕士生导师，黑龙江省现代林业与碳汇经济智库专家、秘书长，黑龙江省碳汇经济发展规划专家，北京汇智绿色资源研究院智库专家，加拿大 UBC 大学访问学者。长期从事碳达峰碳中和、碳汇经济、绿色金融、碳金融研究工作。主持完成的项目"中国碳金融市场发展、机制设计及应用"获得国家林业和草原局与中国林学会联合颁发的梁希林业科技进步二等奖（2021 年）。

前　言

2021 年，第 26 届联合国气候变化大会在英国格拉斯哥（Glasgow）开幕之际，联合国官方特别推出了宣传短片——《不要选择灭绝》，至今令人难忘。短片中，一只凶猛的恐龙冲入纽约联合国总部联大会议现场，并向各国外交官发出警告。在一片惊呼声中，这只恐龙不慌不忙地登上讲台，向台下观众发问："走向灭绝是件坏事，你们人类也会觉得这是显而易见的。然而，你们人类主动地把自己灭绝了。在过去 7000 万年中，这是我听到的最荒谬的事。我们恐龙的灭绝至少可以怪小行星撞击地球，但你们人类自取灭亡的借口是什么？"恐龙的发问醍醐灌顶，令我们无地自容。人类自取灭亡能找什么借口呢？我们没有理由，没有借口，咎由自取。实际上，应对气候灾难、保护生存环境就是在拯救人类，而且拯救人类只能靠人类自己！

自 1992 年在巴西里约热内卢召开的联合国环境与发展大会通过《联合国气候变化框架公约》之日起，经历 30 年的共同努力，《京都议定书》《巴黎协定》等应对气候变化的重要国际法律文件的签署充分证明，人们已经在政策、法律、制度等各个方面达成共识，并采取了切实可行的行动以实现应对气候变化的目标。虽然过程曲折、困难重重，但大家深知这种趋势不可阻挡，加速实现人与自然和谐共生是维持地球生态平衡、实现人类可持续发展唯一的正道。

中国一直奉行生态文明思想，重视人与自然和谐共生，懂得尊重自然、顺应自然、保护自然，像朋友一样与其相处。这种与大自然和谐共生的思想源远流长。早在春秋战国时期，老子就在《道德经》中指出："人法地，地法天，天法道，道法自然。"庄子在《齐物论》中强调："天地与我并生，而万物与我为一。"这些思想无不印证了中国悠久的文化底蕴和人与自然共处的生存法则。

当今世界，全球变暖、生态恶化、极端天气和自然灾害频发，人类生存和发展面临严重的威胁和巨大的挑战。对于全球变暖的主要成因，国际社会已经形成共识：在工业革命以来的 200 多年里，发达国家大量使用化石燃料和毁林造成大量的温室气体排放，从而导致大气中温室气体的浓度升高，碳平衡受到破坏，温室效应加剧。因此，在应对全球气候变化的问题上，《联合国气候变化框架公约》有一个非常明确的重要原则，那就是"共同但有区别的责任"原则。世界各国都有责任应对气候变化，但是发达国家作为气候的主要破坏者，应该承担主要责任，要率先带头减排，并向气候变化的受害方——发展中国家和地区提供资金和技术支持，帮助其发展经济、增强适应能力、推动可持续发展。

那么，作为一个具有悠久文明史的负责任的发展中国家，中国为帮助人类回到正常轨道、实现可持续发展应该做点什么呢？

为统筹国内国际两个大局，着力解决资源环境约束突出问题，适应实现中华民族永续发展的内在需求和构建人类命运共同体的时代需求，中国做出力争 2030 年前实现碳达峰、2060 年前实现碳中和的重大战略决策（简称"3060"目标、"双碳"目标或"双碳"战略），并制定了明确的时间表、路线图和施工图，从顶层设计出台了"1+N"政策体系。

事实证明，党和国家高度重视碳达峰碳中和工作，为此召开重要会议、出台政策文件、作出安排部署，高层强力推进，多次发表与碳达峰碳中和相关的重要讲话，高位推进"双碳"战略。

2020 年 9 月 22 日，在第七十五届联合国大会一般性辩论上中国向世界宣布，我国二氧化碳排放力争于 2030 年前达到峰值，努力争取在 2060 年前实现碳中和。这一承诺，彰显了中国积极应对气候变化、走绿色低碳发展道路的坚定决心，体现了中国主动承担应对气候变化的大国担当。2021 年 3 月 15 日，中央财经委员会第九次会议专题研究碳达峰碳中和的基本思路和主要举措等重大事项。会议指出，实现碳达峰碳中和是一场广泛而深刻的经济社会系统性变革，要把碳达峰碳中和纳入生态文明建设整体布局，拿出抓铁有痕的劲头，如期实现 2030 年前碳达峰、2060 年前碳中和的目标。我国实现碳达峰碳中和，是党中央经过深思熟虑作出的重大战略决策，事关中华民族永续发展和构建人类命运共同体。这既是一场硬仗，也是一场大考。领导干部要加强碳排放相关知识的学习，增强抓好绿色低碳发展的本领。2021 年 4 月 30 日，习近平总书记在中共中央政治局第二十九次集体学习时特别提出，各级党委和政府要拿出实现碳达峰碳中和的时间表、路线图、施工图，推动经济社会发展建立在资源高效利用和绿色低碳发展的基础之上。

2021年9月22日,《中共中央　国务院关于完整准确全面贯彻新发展理念做好碳达峰碳中和工作的意见》印发,作为我国碳达峰碳中和工作的顶层设计,明确了总体要求,部署了重大举措,确定了时间表、路线图和施工图,成为"1+N"政策体系中的引领性、管长远、最重要的"1"号政策文件。

为支持碳达峰碳中和重大战略决策的贯彻落实,本书以"碳达峰碳中和理论与实践"为题,从碳达峰碳中和提出的背景要义、气候治理的科学和法律基础、战略规划和路径框架、节能降碳、可再生能源、碳汇、碳定价机制、绿色金融体系、多层次实践案例9个方面,对与我国碳达峰碳中和战略决策相关的问题进行理论研究和实践探索。本书内容包括3个部分,分9章进行阐述:第一部分为理论篇,重点阐述碳达峰碳中和的基础理论和战略规划(第一章至第三章);第二部分为实践篇,重点阐述碳达峰碳中和重点领域的实现路径(第四章至第八章);第三部分为案例篇,重点分析碳达峰碳中和的实践案例(第九章)。

作为我们支持碳达峰碳中和战略目标的献礼,谨以此书献给从事应对全球气候变化工作,特别是从事碳达峰碳中和相关领域工作的人士!本书既适合各级领导干部、高校师生、科研机构及社会各界人士学习气候变化和碳达峰碳中和相关知识时阅读使用,也适合广大关心和支持碳达峰碳中和相关工作的朋友参考阅读。

在编写本书的过程中,有关机构和专家学者及前人发表的研究成果和相关文献资料给了我们极大启发,在书中也多有借鉴和引用,对此深表谢意!由于时间紧,加上自身水平有限,书中不足与错漏之处在所难免,敬请读者朋友谅解并给予批评指正。此外，东北林业大学研究生朱琦琦、陈尔平、祁帅、柳皓月、杨明灿、黄渝雄、王正文、曾楚欣、赵涵莹、李雨馨、王珩参与了文献资料搜集与校对工作，北京汇智绿色资源研究院项目经理赵晓晴硕士、罗天泽硕士，高级经理张亚鹏硕士，以及华夏基金管理有限公司经理李兆杰硕士参与了本书部分章节初稿的编写和文字校对工作。中国工程院院士杜祥琬先生，中国科学院院士蒋有绪先生，中国绿色碳汇基金会执行副理事长、教授级高工李怒云女士和中国标准化研究院研究员刘玫女士，以及人民邮电出版社缪永合先生和编辑刘艳静老师均在本书的编写和修改过程中给予了宝贵的指导意见，在此一并表示衷心的感谢！

作者

2022 年 3 月 25 日

目　录

理论篇

实践篇

理论篇

➲ 第一章　背景要义

看过科幻灾难片《后天》（The Day After Tomorrow）的朋友应该都不会忘记影片中那些惊心动魄的场面——由生态环境破坏、全球变暖、冰山融化引发的巨大灾难。影片中，美国气候学家在研究中指出，气候变暖正在引发地球的大灾难——北极冰川融化，这会让地球经历冰河时代的劫难。遗憾的是，他的提醒并没有引起人们的足够重视，一切显然都已经太晚：飓风、冰雹、洪水、冰山融化、极度严寒等一系列地球巨变引发了不可挽救的浩劫。尽管这是一部科幻片，却也是一部很好的警示片，警示人类要更加珍爱自然、保护环境、减少碳排放、应对气候变化，否则我们将没有未来。

本书作者之一李金良教授强调，全球气候变化是当今世界共同面临的严重生态危机，关系着人类的生存和发展。减缓气候变化，拯救地球家园，保护我们自己，中国在积极行动。2022年北京冬奥会是我国举办的迄今为止第一个"碳中和"冬奥会。那么，这届冬奥会是怎样实现碳中和的呢？一方面是减排，国家积极推动低碳项目建设，充分应用低碳技术，通过采用光风绿电、低碳场馆、低碳交通、低碳办公等低碳管理措施降低冬奥会的碳排放；另一方面是补偿，采用北京和张家口两地捐赠林业碳汇、国有企业赞助排放配额等方式中和、抵消冬奥会不得不排放的碳足迹，从而使北京冬奥会圆满实现了碳中和目标。李金良教授曾负责北京2018—2019年冬奥碳中和造林工程碳汇计量监测项目，还参与策划和组织实施了中国政府举办的三次碳中和国际重大会议，即联合国气候变化天津会议碳中和、亚太经合组织北京会议碳中和、二十国集团杭州峰会碳中和，为我国会议碳中和探索实践做出了积极的努力。

为了拯救我们自己，保护我们的地球村，人类必须齐心协力，构建人类命运共同体，坚持合作共赢，立即采取行动，减缓和适应气候变暖，这样才有光明的未来。作为一个负责任的发展中国家，中国提出力争2030年前实现碳达峰、2060年前实现碳中和的宏伟目标（也称"双碳"战略或"3060"目标），这是事关中华民族永续发展和构建人类命运共同体的需要，也是我国做出的重大战略决策。本章将研究中国碳达峰碳中和战略的提出背景、科学内涵、深远影响和重大意义，以进一步加强社会各界对碳达峰碳中和战略决策的认识和重视，从而推动"双碳"战略的贯彻落实和"3060"目标的如期实现。

一、中国碳达峰碳中和战略的提出背景

碳达峰碳中和战略是我国统筹国内国际两个大局做出的重大战略决策，是着力解决资源环境约束突出问题、实现中华民族永续发展的必然选择，是构建人类命运共同体的庄严承诺。基于应对全球气候变化，我国碳

达峰碳中和重大战略决策目标的提出，有着特定的科学、政治、经济和文化背景。

（一）科学背景

我国的碳达峰碳中和战略具有科学的背景和现实意义。

联合国政府间气候变化专门委员会（IPCC）发布了6次气候变化评估报告，确认气候变化是工业革命以来200多年间，人类过量使用化石燃料和毁林导致排放过多的温室气体而造成的气候灾难，气候变化的负面影响已经在全球显现，并造成严重危害。2019年全球平均温度较工业化前水平高出约1.1℃，是有完整气象观测记录以来的第二暖年，过去5年（2015—2019年）是有完整气象观测记录以来最暖的5年。20世纪80年代以来，每个连续10年都比前一个10年更暖。全球平均海平面呈加速上升的趋势，2019年为有卫星观测记录以来的最高值[①]。

我们的气候系统已不堪重负，可以说危在旦夕。如果各国不采取有效行动为地球降温，开展自我救赎，一旦我们的气候系统崩溃，人类将走向灭亡。在全球变暖的时代，我们深切感受到全人类同住地球村、同乘一条船，风雨同舟，生死与共，命运相联。为了拯救我们的家园，作为负责任的发展中大国，中国向世界各国作出承诺并吹响碳中和的冲锋号。

（二）政治背景

我国的碳达峰碳中和战略具有深刻的内涵和政治意义。

---

① 中国气象局气候变化中心.中国气候变化蓝皮书（2020）[M].北京：科学出版社，2020.

如今全球气候变暖已是不争的事实，发达国家以发展中国家在发展经济过程中对全球气候变化造成恶劣影响为由，要求发展中国家同发达国家一道参与全球温室气体减排行动，并制定强制约束目标，企图遏制发展中国家谋求发展的愿景，从而达到减轻自身温室气体减排压力的目的，逃避承担应该由其履行的减排责任。

中国身为发展中大国，在保证经济发展的同时，坚持"共同但有区别的责任"原则，支持国家自主贡献（NDC），破解气候变化难题，团结全球其他国家共同为守护地球、保护生态而努力。中国肩负大国的责任与担当，在发展中国家中率先提出了碳达峰碳中和的战略目标，打破了发达国家设置的环境政治壁垒，将中国未来的发展方向定义为高质量的绿色发展道路，早着眼、早布局、早实施，有着重要的战略意义！

（三）经济背景

2010 年以来，中国已经成为世界第二大经济体，最近几年中国经济增长对世界经济增长的贡献率在 30% 以上，按照"共同但有区别的责任"原则，中国也应该承担起一定的温室气体减排责任。为应对气候变化、主动承担责任，我国的经济体系正在向绿色低碳循环发展转型。根据《关于加快建立健全绿色低碳循环发展经济体系的指导意见》（以下简称《绿色低碳意见》），我国力图全方位、全过程推进绿色规划、绿色生产、绿色生活等，同时在经济向绿色低碳转型的过程中要确保实现碳达峰碳中和目标。建立健全绿色低碳循环发展经济体系是一项全局性、系统性工程，关乎经济社会的各个方面。该体系将带动全产业链向绿色低碳转型，将创造中国经济的高质量发展，缔造中国经济的新一轮腾飞。这同样也是激活发展新动能的一条路径、一种方法、一套思路。

（四）文化背景

伴随经济的快速发展，人们的物质生活和精神生活都得到了极大丰富。相较于过去人们只关心生存环境，现在的人们更加关注生态环境，提倡人与自然和谐共生，并愿意将凝练的先进思想和创造的优秀文明与世界各族人民交流分享。

中国提出碳达峰碳中和战略目标，并不是向世界宣传，做给别人看，而是要将这个目标落实，让世界因我们变得更加生机盎然、更加青春、更有活力、更加美好、更加团结。

二、碳达峰碳中和战略相关科学内涵

峰值：IPCC 在第四次评估报告中将其定义为"在排放量降低之前达到的最高值"。

碳达峰：指二氧化碳排放量达到历史最高值，经历平台期后会出现持续下降的过程，是二氧化碳排放量由增转降的历史拐点。实现碳达峰意味着一个国家或地区的经济社会发展与二氧化碳排放实现"脱钩"，即经济增长不再以增加碳排放为代价。因此，碳达峰被认为是一个经济体绿色低碳转型过程中的标志性事件。

碳中和：又称为碳平衡、碳中性、净零碳排放。这个概念最早源于

1997 年英国伦敦的未来森林（Future Forests）公司（现改名为碳中和公司，The Carbon Neutral Co.）提出的一个商业策划，后来迅速发展成国际环保政策的重要目标。根据 IPCC 的定义，碳中和是指在规定的时期内，二氧化碳的人为排放与人为清除之间正负抵消，吸收量（清除量）等于排放量，从而达到碳平衡。人为排放是指人类活动造成的二氧化碳排放，包括化石燃料燃烧、工业过程、农业及土地利用活动排放等。人为清除是指人类从大气中清除二氧化碳，包括造林增加碳汇、碳捕集与封存（CCS）技术等。

换言之，碳中和是指一个国家、地区、企业、机构在一定时间内人为的碳排放量与通过植树造林、碳捕集与封存技术等人为吸收汇之间达到平衡的状态。通俗地说，碳中和就是实现二氧化碳的净零排放。例如，一次会议排放了 100 吨二氧化碳，就可以用 100 吨林业碳汇或购买 100 吨碳信用进行中和，正负抵消，从而达到这次会议碳中和或净零碳排放的目的。

碳达峰碳中和的提出可以追溯到 1992 年通过和签署的《联合国气候变化框架公约》（以下简称《公约》）①，以及后续一系列相关气候变化大会形成的国际政策文件。如果从环境科学的视角来探索它的前世，可追溯到 1962 年问世的《寂静的春天》，这部著作向世界敲响了警钟，警告人类要关注对科学的盲目崇拜给环境造成的巨大破坏。

《公约》的签署推动了发达国家对温室气体减排进行积极的探索和尝

---

① 1992 年 5 月 9 日联合国大会通过了《联合国气候变化框架公约》，1992 年 6 月 4 日开放签署，1994 年 3 月 21 日正式生效，截至 2016 年 6 月底，该公约共有 197 个缔约方。

试，但直到 1997 年 12 月，《京都议定书》[①]才以法律的形式限制了各国温室气体的排放，并首次明确规定了发达国家量化的减限排指标。在此期间，发达国家采取严格的气候政策推进碳减排、碳达峰。

2015 年 12 月 12 日，巴黎气候大会通过的《巴黎协定》[②]为缔约方履行国家自主贡献制定了明确的温升目标，即把全球平均气温较工业化前水平升高控制在 2℃内，并为把升温控制在 1.5℃内而努力。这一具体要求是各缔约方提出碳达峰碳中和目标的科学依据。

三、中国碳达峰碳中和战略的深远影响

实现碳达峰碳中和是一场广泛而深刻的经济社会系统性变革，意义重大、影响深远。我们必须高度重视，深入正确领会，认真抓好贯彻落实。

（一）生态文明建设的历史任务

对于整个经济社会而言，碳达峰碳中和的实现是一场深刻而广泛的全局性、系统性变革，它已被纳入生态文明建设总体布局。

生态文明建设是"五位一体"总体布局和"四个全面"战略布局的重要内容，也是建设美丽中国的重要组成部分。贯彻落实碳达峰碳中和战略，对"十四五"期间乃至 2035 年、21 世纪中叶对经济社会发展进行系统而全

---

① 《京都议定书》于 1997 年 12 月通过，1998 年 3 月 16 日至 1999 年 3 月 15 日开放签署，2005 年 2 月 16 日开始强制生效。截至 2009 年 2 月，共有 183 个国家通过了该条约（超过全球排放量的 61%）。

② 《巴黎协定》于 2015 年 12 月 12 日在第 21 届联合国气候变化大会（巴黎气候大会）上通过，2016 年 4 月 22 日在美国纽约联合国大厦签署，2016 年 11 月 4 日起正式实施。

面的布局同样重要。

中国勇于承担时代赋予的责任和使命，积极应对气候变化，以顶层设计推动碳达峰碳中和的政策和行动。一方面，通过"降耗减排"的方式积极推动供给侧结构性改革，让传统产业积极调整旧的结构和方式，实现旧动能向新动能的转换；另一方面，面向未来，通过新发展理念的引领，努力构建生态、低碳、绿色的现代化产业体系。中国站在国际视角，承诺实现碳达峰碳中和目标，在建设清洁美丽世界和宜居国家的同时，推动应对全球气候变化行动，为构建人与自然和谐共生展现大国的责任担当，这充分证明中国高质量绿色发展的目标和执行力，大大增强了中国在全球气候治理方面的主动性和号召力，有助于推动和引领国际社会加快应对气候变化，在整体上推动和促进全球生态文明建设。

（二）助推中国绿色低碳循环发展

在实现社会主义现代化强国建设的新征程中，我们需要总结众多发达国家先高碳后低碳、先发展后减碳的教训，走出一条以低碳建设为重点的发展道路。

《绿色低碳意见》的提出正值"十四五"开局之年，系我国高规格发布构建绿色低碳循环发展经济体系的纲领性文件，对各地区和各部门准确把握发展新阶段、全面贯彻新发展理念、加快构建新发展格局、为经济发展加快注入绿色新动能具有重要意义。为早日实现碳达峰碳中和这两大重要战略决策，《绿色低碳意见》要求将发展建立在资源的高效利用、温室气体排放的有效控制及生态环境的严格保护基础上。

从本质上讲，推动经济社会发展与碳排放逐步"分离"，就可以实现碳达峰碳中和这两大战略目标。要实现"无缝"分离，就必须将高质量发展作为主题，深化供给侧结构性改革，以此实现经济体系的全面绿色升级。只有这些目标得以实现，才能抓住碳达峰碳中和的"命门"，才能真正实现碳达峰碳中和战略目标，保证我国的生态文明建设。换言之，只有实现经济社会的全面绿色升级，在可持续发展的道路上持续迈进，才能真正推进碳达峰碳中和战略目标的实现。

与此同时，消费体系和能源生产的绿色转型升级对碳达峰碳中和战略目标的实现有着决定性作用。构建安全高效、清洁低碳的能源系统是实现碳达峰碳中和战略目标的必由之路，也是构建绿色低碳循环发展体系的重要组成部分。因此，我国要支持节能优先，降低整体能耗，提高能耗强度，实现"双控"系统；同时，积极并全力发展可再生能源，提高其利用比例，加大可再生资源的利用效率，建立健全清洁能源消纳长效机制，推动能源系统全产业链向低碳方向转型升级。

本书作者之一徐锭明先生于2020年10月13日在2020氢能产业发展大会上指出，对于气候变化问题，全世界当前走在一条不可持续发展的道路上。我国如果要在2060年前完成碳中和的伟大目标，必须进行根本性的技术变革和能源革命，其中可再生能源是核心支柱。

此外，我国在政策创新与科技创新方面给予的重视和大力扶持，对于实现碳达峰碳中和目标也是极其重要的。一方面，要以市场为导向，扶持绿色低碳技术研发，对绿色技术创新体系进行战略性部署，进一步改进有关法律法规政策体系，促进科技成果的快速转化和投放应用。因此，需要深度完善减碳基础理论和关键技术，进一步推动节能减碳，如应对规模化储能、二氧化碳捕集与封存等，实现用好新技术、新模式、新业态的"三新"模式。另一方面，要坚定维护绿色保险、绿色信贷、绿色债券的主体地位，推动绿色产业和绿色金融之间的深度融合、互助互赢。寻求在区块链、云计算、数字孪生体等信息技术领域的突破，提高其在碳排放监管、碳排放源锁定、碳排放预测、碳排放预警及碳排放数据分析等场景应用中的利用率，提升数字化减碳能力。同样，还要推动合同能源管理、环境托管、环境污染第三方治理等服务模式的创新发展，进一步完善有利于绿色低碳发展的价格、金融、财税等经济政策。加快全国用能权、碳排放权交易市场的建设，进一步推动形成更精准、更有效的有利于碳达峰碳中和的市场预期。

四、中国碳达峰碳中和战略的重大意义

在"2021 能源高质量发展论坛"上，杜祥琬院士强调，实现碳达峰碳中和战略目标可以引领我国及时实施低碳转型，以低碳创新推动可持续发展，社会文明形态将逐步由工业文明进入生态文明。碳达峰碳中和战略目标也将倒逼产业结构调整，及时抑制发展高耗能产业的冲动，推动战略性新兴产业、高技术产业、现代服务业进步，拉动巨量的绿色金融投资，带来新经济增长点和新就业机会，支撑高质量发展。

实施碳达峰碳中和战略是我国生态文明建设的战略举措。这一战略目标是硬性指标，是国家开展能源革命、治理环境污染、减少温室气体排放、

建设生态文明和美丽中国、推动我国经济持续高质量发展、实现中华民族永续发展的内在要求。特别是，实施碳达峰碳中和战略，实施能源革命，不仅有利于国家加快构建清洁低碳、安全高效的能源体系，维护国家能源安全，还有利于国家低碳技术与新能源技术的升级换代和新能源产业潜力优势的充分发挥，从而促进国际能源新标准和能源产业链条的建设完善。中国积极推进碳达峰碳中和战略将给全球带来重要的绿色低碳经济发展机会。本书编写专家组一致认为，我国做出碳达峰碳中和战略决策，既体现了国际应对气候变化的"共同但有区别的责任原则"和基于发展阶段的原则，又体现了发展中大国的责任和担当，对推进全球气候治理新制度《巴黎协定》的深入贯彻落实、应对全球气候变化、拯救地球家园、挽救人类自己、建设地球村命运共同体意义重大，影响深远。

● 第二章　气候治理的科学和法律基础

为减缓和适应全球气候变化，保护人类自己和生存家园，只有先从科学层面搞清楚气候变化的相关科学常识、主要危害、主要成因和应对策略，掌握气候治理的国际法规、基本原则和重要规则，才能科学有序、合法合规地推进碳达峰碳中和的相关工作。

一、气候变化的科学内涵

国内外关于全球气候变化科学问题的研究，大多以 IPCC 评估报告为主要依据。

1988 年，世界气象组织和联合国环境规划署成立 IPCC，旨在在全面、客观、公开和透明的基础上评估世界上有关全球气候变化的科学、技术和社会经济信息，反映现有各种观点，并使之具有政策相关性（非政策指示性）。IPCC 现拥有 195 个成员方，汇聚了来自世界各地的成千上万的科学家共同参与研究。IPCC 下设三个工作组和一个专题组，每个组下设一个技术支持小组。其中，第一工作组负责评估气候变化的科学基础；第二工作组研究气候变化的影响、脆弱性、适应性；第三工作组负责评估限制温室气体排放或减缓气候变化的可能性；专题组（国家温室气体清单专题组）负责 IPCC 国家温室气体清单计划。

　　IPCC 本身并不开展研究工作，也不会对气候或其相关现象进行实际监测，其主要工作是发表与执行与《公约》有关的专题报告。IPCC 对气候变化的研究成果通过评估报告、特别报告、方法报告和技术报告的形式向世界公开呈现，定期形成供各国决策者应对气候变化参考的决策基础，为全球气候变化提出减缓和适应的指导方案。迄今，IPCC 共发布了 6 次评估报告，各报告要点见表 2-1。IPCC 评估报告为国际气候谈判和各国政府应对气候变化提供了重要的科学依据。

表 2-1　IPCC 6 次评估报告要点

评估报告	主要内容	应对措施	作用与意义
第一次评估报告（1990 年）	确认了气候已经发生变化的科学依据：相较于工业革命时期，20 世纪末的大气中含有的温室气体浓度增高，温室效应增强，地面气温上升，冰雪融化、海平面上升、生物多样性减少等现象层出不穷，气候变化对人类生存产生的生态威胁和经济后果逐渐浮出水面	应对全球气候变化需要世界各国以积极合作的形式采取相应对策，发达国家肩负着不可替代的责任和使命	首次将气候问题上升到国家政治层面，为国家之间就气候变化问题展开谈判起到推动作用，时隔两年催生了《公约》，为其制定和达成提供了科学依据

续表

评估报告	主要内容	应对措施	作用与意义
第二次评估报告（1995年）	研究重点从历史气候问题向模拟时空变化的科学预测转移，以便各国政府提前采取行动应对气候变化，在区分引起气候变化的自然因素和人为因素方面取得重要进展，指出了人为因素中二氧化碳的主导性，气候变化对地球产生的影响开始表现出不可逆转性	全球共同致力于开发减排技术和增加碳汇，进而提出减缓和适应气候变化的对策和方法，从而延长气候变化威胁到来的时间	本次报告的发布正值联合国气候变化大会第二次会议召开，为《京都议定书》的谈判和通过奠定了气候变化的科学基础，做出了重要贡献
第三次评估报告（2001年）	大部分的气候变暖（约66%）可以归咎于人类活动，变暖趋势将不断上升，地球系统对气候变化的脆弱性和敏感性正在增加，人类对气候变化的适应性和抵御性正在降低，发展中国家和贫困弱势群体亟待生存救助，降低气候风险和变暖速度的措施应成为后续研究的重中之重	提出的补救措施是降低气候风险，实现可持续发展，通过各国共同努力减少温室气体排放和增加碳汇，进而降低气候变暖速度，延迟和减少气候变化所造成的危害	本次报告不仅专门回应了《公约》第二条关于最终目标的问题，也为各国政府和科研机构在研究气候变化与制定决策时提供了最新的科学依据
第四次评估报告（2007年）	气候系统变暖是毋庸置疑的，全球升温非常可能（90%）是由人为排放的温室气体浓度增加导致的，这种人为原因对气候变化产生影响的观点被进一步确定，气候变化的事实性明显，极端事件的爆发也在威胁着人类生存，根据预测，21世纪中叶干旱和暴雨、洪涝灾害的影响将进一步扩大	各国需要携手减缓和适应气候风险，减少温室气体排放和增加以森林为主的碳汇，普及适应性气候变化措施，进而降低气候变化幅度，增强人类社会对自然变化的持续适应能力	本次报告使世界各国政府聚焦全球变暖问题的关注度达到了空前程度，为联合国气候变化大会"巴厘路线图"的制定提供了科学依据，也为《哥本哈根协议》奠定了科学基础，进一步呼吁人们认清气候变化对地球的威胁

续表

评估报告	主要内容	应对措施	作用与意义
第五次评估报告（2014年）	以更全面的证据证实了人类活动极有可能（95%以上）导致了20世纪50年代以来的大部分（50%以上）全球地表平均气温的升高，同时阐明了人类活动对气候系统的破坏是不可逆的，提出了全球碳排放预算（碳预算）的全新概念	各国政府需要全方位多领域共同努力，实现政策响应和资源互补，将减缓和适应两大途径与经济效益和可持续发展相结合，促进减缓气候风险措施的顺利实施	本次报告为各国在2015年达成新的国际气候治理协议提供了科学依据，促进了《巴黎协定》的通过和签署
第六次评估报告（2021年发布第一工作组成果，预计2022年全部完成）	第一工作组认为，人类活动排放的温室气体使大气、海洋和陆地变暖是毫无疑问的，部分变化已经不可逆转，当前的气候状态在过去几个世纪甚至几千年里都是前所未有的，变暖速度不断加快，增加了极端高温、降水、干旱和热浪的可能性与严重性；预计在20世纪中叶前，全球地表温度在所有排放情景下都会继续升高，升幅至少达到1.5℃	由于第二工作组（气候变化的影响、适应和脆弱性）和第三工作组（气候变化的减缓）报告未公布，暂时缺乏应对方案，但是净零计划和二氧化碳去除技术在全球的推行是必要的	本次成果发布为2021年11月在英国格拉斯哥召开的第26届联合国气候变化大会提供了气候变化的科学证据，警醒人们气候变化已经让人类无法忽视

二、气候变化的主要危害

全球气候变化主要体现为温室气体浓度增加、气温升高、降水量异常、冰冻圈消融和海洋变暖。

最近几十年，随着人类和自然系统的脆弱性增加、适应性减少，气候变化已经逐渐对所有大陆上、海洋中的自然系统和人类系统造成了不可逆转的影响，人类正面临着气候变化所带来的巨大挑战。气候变化不仅对自然系统产生了威胁，还会通过自然系统的影响对人类生存和健康构成风险。我们如果想在地球上长久不衰、生生不息，就必须看清气候变化给我们带来的生存威胁，具体表现为自然灾害和极端天气变多、水资源短缺、生态系统和生物多样性遭破坏等，这些还将进一步威胁到人类的健康安全。

三、气候变化的成因和应对措施

（一）主要成因

气候变化的原因包括两类：一类是太阳辐射、地球轨道、火山活动、海洋环流等自然因素，另一类是由人口增长、化石燃料燃烧、毁林等引起的温室气体大量排放等人为因素。对于全球变暖的主要成因，国际社会已经形成共识。全球气候变化的原因主要是，工业化革命以来 200 多年的时间里，发达国家大量使用化石燃料和毁林造成了大量的温室气体排放，从而导致大气中温室气体的浓度升高，碳平衡受到破坏，温室效应加剧。

（二）应对措施

应对气候变化的号角已经吹响，保护人类生存家园的行动何待明天？应对气候变化是人类社会可持续发展的必由之路，也是人类生命延续的必修课。减缓和适应就是两条主干线：减缓气候变化就是减少碳排放、增加碳汇，从而降低气候变化带来的风险，延长适应措施的预期性；适应气候变化就是增强人类和自然对气候变化的抗御能力和适应能力，从而能够在气候变化的环境条件下继续生存和发展。

1. 减缓

减缓是指为了限制未来的气候变化而减少温室气体排放量或增加温室气体吸收汇的过程[①]。减缓是解决气候变化问题的根本出路和必要途径，采取减缓措施越早，经济和实施成本越低，对气候风险的减缓效果就会更好。要实现人类活动的深度脱碳，减缓气候变化风险，一方面必须不断推进产业绿色低碳转型，促进能源结构优化，提高能源利用效率和清洁能源利用，减少其他温室气体的排放，以实现减排的目的；另一方面要增加森林碳汇，优化固碳技术，以增加温室气体吸收，实现增汇的效果。

（1）碳减排

碳减排是指减少温室气体的排放源。这就需要调整产业结构和能源结构，推动减排技术创新，发展绿色经济，尽量减少化石能源等排放行业的碳排放，在各领域尽量减少非二氧化碳温室气体排放量，应对气候风险。

要进行能源革命，调整产业结构，向绿色低碳转型升级。传统能源、化石燃料等排放行业的减排和行业转型升级是未来减碳的重点。要淘汰环保措施不到位的高排放、高耗能产业，增加清洁能源等战略性新兴技术产业，控制能源生产和消费，推动化石能源清洁化利用程度。要致力于非化石能源的研究和利用，如生物质能源、水电、风电、光伏等可再生能源，

---

① IPCC. Climate change 2007 synthesis report[R]. Geneva, 2007.

减少非二氧化碳温室气体排放。在农业领域，减少甲烷和氧化亚氮的排放，提高化肥效率和节肥技术，不断优化推广畜禽粪污资源化利用。在工业领域，积极建设绿色制造体系，推动含氟气体、甲烷、氧化亚氮、六氟化硫等减排工作，推进制冷剂的无害化和循环利用，降低制冷剂的泄漏和排放。在生活领域，实行垃圾分类，推行可再生资源的重复利用。在交通和工业领域，减少交通和工业废气排放，严格控制物品焚烧。在科技领域，积极推进减排技术创新，加强减排技术科研创新投入，加快推进高能效循环利用技术、零碳能源技术、负排放技术等减排技术的革新和发展。在金融领域，树立绿色低碳循环发展理念，大力支持发展绿色金融，制定政策和经济措施引导募集资金投入绿色可持续发展产业，推动各个行业积极参与绿色投融资，建设和完善各行业绿色发展体系。

（2）增加碳汇

碳汇是指从大气中清除二氧化碳等温室气体的过程、活动或机制，如我们常听说的森林碳汇、草原碳汇。碳汇实质上就是吸收固定二氧化碳，给发烧的地球母亲降降温。植树造林、经营森林是清除大气中二氧化碳的重要途径之一，而生态碳汇的范围更加广泛，除了森林碳汇，还包括具有碳汇功能的草原、湿地、海洋及土壤、冻土等生态系统碳汇。保护和修复生态系统可以提升其碳汇增量，进而减缓气候变暖。

增加碳汇的途径有很多。增加森林碳汇、草原碳汇的途径主要包括实施林业生态建设工程、天然林保护工程、防护林体系建设工程，加强森林经营管理，植树造林，退耕还林还草，优化生态系统布局，加强可持续性国土绿化，提升森林、草原的碳汇能力。增加湿地和海洋碳汇的途径主要有加强对湿地和海洋的保护，修复湿地植被和水文，排干湿地还湿、退渔退耕还湿，保护和修复红树林、海草床等生态系统，增强生态能力，重视海岸侵蚀、水土流失区域的恢复，增加湿地植被和海洋生态系统的碳汇能力。

加强碳捕集与封存技术的自主研发和国外引进工作，发展生物与工程固碳技术，加大二氧化碳捕集、利用与封存（CCUS）技术的开发和应用。规范发展碳汇经济，发展渔业、畜牧业、新能源等固碳经济，解决资源和环境的问题。

2. 适应

适应是指自然系统和人类社会为了趋利避害对实际或预期的气候变化及其影响进行调整的过程。这是自然系统和人类社会在气候变化前后的一种调整性行为，由不适应到适应、从新的不适应到新的适应的一种过程。

在农业领域，可根据气候变迁调整农业结构和种植收割制度，推行培育抗逆新品种，保护粮食和农产品生产功能区域，推动高标准农田示范区建设，加强农田水利建设，推广旱作节水农业技术，加强病虫灾害监测，提高农业综合生产能力。

在水资源领域，建设现代化水资源管理体系，提倡节水型社会建设，加强饮用水水源地保护，降低水文系统对气候变化的脆弱性，加强骨干水利基础设施和水资源配置工程，修复水生态系统，加强水利安全系统监测，提升水利信息化水平。

在陆地生态系统领域，加强森林湿地资源整体保护与系统修复，科学管理森林和湿地生态系统，加强预防及控制病虫害和森林火灾，系统监测生物多样性对气候变化的适应性，提升生态系统质量和稳定性。

在海岸带和沿海生态系统中，推进沿海生态系统保护修复，改善海洋生态环境质量，加强近海和海岸带影响的基础防护能力建设与预警控制，加强海洋灾害的监测和应急机制，推行红树林生态修复和相关碳交易。

在人类健康领域，大力支持和开展健康影响适应性研究与科普宣传，建立和完善健康影响监测预警系统，加强极端天气和自然灾害的实时监测与评估分析，不断拓展丰富健康监测内容，引导资金流入公共卫生系统，增加对公共卫生系统的投资，建立健全公共卫生和疾病防控机制。

减缓和适应是应对气候变化的两大重要举措，但是在应对气候变化的过程中，《公约》附件一国家（主要是发达国家和部分市场经济转型国家）应更多地强调减缓，而非《公约》附件一国家则应强调适应，从而更加科学、公正地进行顶层设计，制定符合国情、科学合理的应对气候变化政策和举措，推动应对气候变化工作见实效。

四、气候治理的法律基础

2021 年 11 月，第 26 届联合国气候变化大会在英国格拉斯哥召开。在全球共同应对气候变化的前 30 多年里，全球气候治理的硕果颇丰，各国共同围绕如何应对气候变化议题展开谈判，打破了国际气候治理利己主义的僵局，签订了多个致力于解决全球气候变化问题的国际公约与文件，逐渐形成了以《公约》为核心框架、《京都议定书》为阶段补充、《巴黎协定》为新制度的应对气候变化的国际多边机制。这 3 个国际法律文件的主要内容见表 2-2。气候多边机制的形成凝聚了人类渴望保护全球生态环境、努力实现可持续发展目标的不懈追求，也为气候治理进程开发了新思路和新方法，开启了全球气候治理的新时代。

表 2-2 碳达峰碳中和国际法律基础

文件名	《公约》	《京都议定书》	《巴黎协定》
重要时间节点	1992年5月9日通过，6月3—14日开放签署，1994年3月21日生效	1997年12月通过，1998年3月16日至1999年3月15日期间开放签署，2005年2月16日强制生效	2015年12月12日通过，2016年4月22日开放签署，2016年11月4日正式生效
发布主体	联合国环境与发展大会	第3届联合国气候变化大会（京都气候大会）	第21届联合国气候变化大会（巴黎气候大会）
内容要点	1. 总目标：将大气中温室气体的浓度稳定在防止气候系统受到危险的人为干扰水平上，这一水平应当在足以使生态系统自然地适应气候变化、确保粮食生产免受威胁并使经济发展可持续地进行的时间范围内实现。 2. 基本原则："共同但有区别的责任"原则、考虑发展中国家需求的原则、预防原则、可持续发展原则和国际开放合作原则。 3. 明确发达国家要承担率先碳减排的主要义务，承认发展中国家的首要任务依旧是发展经济和消除贫困，并发挥自身经济技术优势向发展中国家提供援助支持	1. 量化缔约方的减排指标，39个《公约》附件一国家（主要工业发达国家）在2008—2012年的温室气体排放量要在1990年的基础上平均减少5.2%；引进可用于完成议定书承诺指标的"碳汇"指标履约。 2. 引入3种旨在控制温室气体排放的灵活机制，分别为国际排放贸易机制（IET）、联合履约机制（JI）和清洁发展机制（CDM）。 3. 再次肯定《公约》相关条款的权威性，明确发达国家应提供新的、额外的资金帮助发展中国家适应气候变化和可持续发展	1. 明确"硬指标"，在长期目标中规定把全球平均气温较工业化前水平升高控制在2℃之内，并为把升温控制在1.5℃之内而努力；明确提出全球低碳排放及可持续发展愿景，到21世纪下半叶实现温室气体人为排放与清除之间的平衡。 2. 引入以"低碳发展"和"国家自主贡献＋全球盘点机制"为核心的"自下而上"的治理新模式，且增加自主贡献目标根据自身国情逐年增高的条约，鼓励建立一个互信并促进有效执行的强化透明度框架，打开全球气候治理博弈的僵局。 3. 明确发达国家在国际气候治理中负有主要责任和义务，带头减缓和适应气候变化，发达国家应积极向发展中国家提供资金支持和技术转让

续表

文件名	《公约》	《京都议定书》	《巴黎协定》
意义	1. 第一个旨在全面控制温室气体排放、应对全球气候变暖的具有法律效力的国际公约。 2. 是国际社会在应对气候变化领域开展国际合作的一个基本框架。 3. 迄今为止仍是在国际环境、气候变化、可持续发展等领域涉及面最广、影响最大、意义最为深远的国际性基础法律，被称为"气候宪法"	1. 它不仅是《公约》的有力补充和延伸，更是《公约》向实现最终目标迈出的实质性一步，是国际环境领域迄今为止第一个具有法律强制约束力的国际性环保条约。 2. 为39个《公约》附件一国家规定了有法律约束力的减排和限排指标，开创了碳交易市场的先河，3种灵活的履约机制为全球温室气体减排交易提供了法律基础，保障了发达国家的经济权益。其中，清洁发展机制又为发展中国家带来技术和资金支持，体现了国际气候治理合作共赢的局面	1. 是继《公约》《京都议定书》之后，人类历史上应对气候变化的第三个里程碑式的国际法律文本，形成了2020年后的全球气候治理格局，维护了《公约》的权威性和延续性，被誉为"全人类和地球的一次巨大胜利"。 2. 统筹兼顾各缔约方的共同利益，充分考虑发展中国家、生态环境脆弱国家的诉求，加强了应对气候变化的公平性和可行性，"只进不退"的棘齿锁定（Ratchet）机制的制定体现了国际社会应对气候变化的长期性。 3. 各国经济发展向《巴黎协定》靠近，实现创新驱动市场向绿色能源、低碳经济、节能减排、环境治理等领域倾斜，为全球尽早建立绿色发展机制、促进自身经济和低碳"双赢"发展做出突出贡献
形成条件及其过程	1. 气候变化共识初步达成。联合国人类环境会议（1972年6月）是首次以讨论当代环境问题为主题的国际会议，其通过的《联合国人类环境会议宣言》标志着人类环境观念的重大转变；第一次世界气候大会（1979年2月）提出的"世界气候计划"受到各国最强有力的支持。	1.《公约》威望受挫。《公约》生效后仅有极小部分国家完成了规定的目标，各国开始相互推诿和长期谈判磋商。 2. 缔约方谈判进行时。《公约》第1次会议（1995年3月）成立了"柏林授权特别小组"，通过了《柏林授权书》等文件，负责起草并进行《公约》的后续法律文件	1. "后京都时代"开启。《公约》第13次会议（2007年12月）通过"巴厘路线图"，为《巴黎协定》的诞生提供了良好的基础；《公约》第15次会议（2009年12月）再次重申了"共同但有区别的责任"原则，明确与工业化前水平相比全球地表温度升高不超过2℃的目标，但是《哥本哈根协议》不具有法律约束力。

续表

文件名	《公约》	《京都议定书》	《巴黎协定》
	2. 多元倡议压力进行时。加拿大多伦多气候会议（1988 年）认为，人类正在进行一场自身未曾意识到的难以控制而又遍及全球的实验，其最终后果或许仅次于一场全球核战争；第二次世界气候大会（1990 年 10 月）认可了 IPCC 第一次评估报告所揭示的结论，即温室气体增加导致全球变暖，甚至会在 21 世纪引发重大气候灾害；1992 年 5 月经联合国大会批准通过了《公约》，6 月在联合国环境与发展会议上 154 个国家和地区签署了该《公约》	谈判；《公约》第 2 次会议（1996 年 7 月）通过了《日内瓦宣言》，并将 IPCC 第二次评估报告作为其他法律文书的基础，要求订立具有法律约束力的目标与显著的减排量，但对有关原则问题无法取得一致；《公约》第 3 次会议（1997 年 12 月）上 149 个国家和地区的代表经过激烈的讨论通过了《京都议定书》，但是直到 2005 年 2 月 16 日才得以正式生效	2. 气候政治共识再达成。中美新版联合声明（2009 年年底）表明了共同推进气候变化谈判的决心，再一次体现了"共同但有区别的责任"原则；《坎昆协议》《多哈修正案》"华沙机制""利马气候行动倡议"（2010—2014 年）的形成说明各缔约方已逐步明确将"承诺＋审评"的国家自主贡献模式作为未来的减排机制；《公约》第 21 次大会（2015 年 11 月 30 日）经过为期两周的艰苦谈判，近 200 个缔约方达成一致，通过了《巴黎协定》
备注	1. 我国于 1993 年 1 月 5 日将批准书交存联合国秘书长处。 2. 截至 2022 年 1 月底，《公约》有 197 个缔约方	1. 我国于 1998 年 5 月签署，并于 2002 年 8 月核准了该议定书，2001 年美国退出，2011 年 12 月加拿大宣布退出。 2. 截至 2009 年 2 月，共有 183 个国家批准加入	1. 2016 年 9 月 3 日，全国人大常委会批准中国加入。 2. 2017 年 6 月，美国宣布退出，并在 2020 年 11 月 4 日正式退出，2021 年 2 月 19 日再度成为缔约方。 2. 2021 年 11 月 13 日，第 26 届联合国气候变化大会最终完成了《巴黎协定》实施细则的谈判，开启了全面落实《巴黎协定》的新征程

五、本章小结

为呼吁各方积极应对气候变化、贯彻落实国家碳达峰碳中和战略决策、履行《巴黎协定》义务、宣传普及气候变化知识，本章介绍了气候变化的科学基础和法律基础，主要包括气候变化的科学内涵、主要危害、成因、减缓和适应对策等科学基础，以及《公约》《京都议定书》《巴黎协定》等国际应对气候变化进程的主要国际法律基础。

➲ 第三章　战略规划和路径框架

　　要实现碳达峰碳中和目标，最重要的是进行能源革命。能源革命的目标是通过碳达峰碳中和实现可持续发展；根本目标是建设能源生态体系，促进能源生态文明；时间表是 2030 年前实现碳达峰，2060 年前实现碳中和；手段是科技创新与国际合作；路径是去碳化利用与发展可再生能源。科学做好战略规划，构建完善的国家碳达峰碳中和政策体系，对落实碳达峰碳中和重大战略决策至关重要。本章将阐述中国碳达峰碳中和战略规划，分析其面临的形势，明确时间表，理清实现的路径框架。

一、中国碳达峰碳中和的战略规划

　　实现碳达峰碳中和战略目标是党中央经过深思熟虑做出的重大战略决策。在这场战略决策中，最重要的是进行能源革命，通过对煤炭、石油、天然气等化石能源的技术升级、结构调整及新能源产业的创新发展向绿色低碳经济转型，使中国彻底解决能源危机，摆脱依赖外国进口的现状，走清洁能源发展道路。在应对气候变化的同时，还要改善中国的经济结构，提升中国在国际政治舞台的话语权和领导力。要实现这些目标，关键在于从顶层设计出发，把握好环境与经济、整体与局部、近期与远期的关系，实施能源革命，制定实施碳达峰碳中和的相关政策和行动方案，设计路线图并设定时间表，构建一套完整的碳达峰碳中和政策体系。

在我国，碳达峰碳中和战略目标一经提出，从中央到地方就配合该战略目标出台了一系列政策文件：在短短一年的时间里，相继出台了"1+N"政策体系，其中的"1"，即《中共中央　国务院关于完整准确全面贯彻新发展理念做好碳达峰碳中和工作的意见》，"N"指以《国务院关于印发2030年前碳达峰行动方案的通知》为代表的其他一系列政策（表3-1）。从国家层面出台的战略规划、指导意见及相关政策为落实碳达峰碳中和战略目标提供了国家政策支持。

二、中国碳达峰碳中和的整体形势

1900—2020年，在这120年的时间里已经有54个国家和地区的二氧化碳排放达到峰值，正在向碳中和的目标努力[1]。令人鼓舞的是，根据世界资源研究所2017年的预测数据（图3-1），到2030年碳达峰国家和地区的数量将增加到57个[2]。如图3-2所示，美国于2007年实现碳达峰，达峰时二

---

[1] 中国新闻网.中国碳中和之路怎么走？专家：高质量发展是关键[EB/OL].（2021-10-10）[2022-03-25]. www.chinanews.com.cn/cj/2021/10-10/9583032.shtml.

[2] World Resources Institute.Turning points：trends in countries' reaching peak greenhouse gas emissions over time［EB/OL］.（2017-11-02）［2022-03-11］.https://www.wri.org/research/turning-points-trends-countries-reaching-peak-greenhouse-gas-emissions-over-time.

表 3-1 国家层面的战略规划、指导意见及政策汇总

文件名称	发文主体和时间	内容要点	作用及意义
《中共中央国务院关于完整准确全面贯彻新发展理念做好碳达峰碳中和工作的意见》	中共中央、国务院；2021年9月22日	1. 实现碳达峰碳中和，是以习近平同志为核心的党中央统筹国内国际两个大局做出的重大战略决策，是着力解决资源环境约束突出问题、实现中华民族永续发展的必然选择，是构建人类命运共同体的庄严承诺。把碳达峰碳中和纳入经济社会发展全局，以经济社会发展全面绿色转型为引领，以能源绿色低碳发展为关键，加快形成节约资源和保护环境的产业结构、生产方式、生活方式、空间格局，坚定不移走生态优先、绿色低碳的高质量发展道路，确保如期实现碳达峰碳中和。 2. 实现碳达峰碳中和目标要坚持"全国统筹、节约优先、双轮驱动、内外畅通、防范风险"原则。全国一盘棋，强化顶层设计，发挥制度优势，实行党政同责，压实各方责任。根据各地实际分类施策，鼓励主动作为、率先达峰。把节约能源资源放在首位，实行全面节约战略，倡导简约适度、绿色低碳的生活方式，从源头和入口形成有效的碳排放控制阀门。政府和市场两手发力，构建新型举国体制，强化科技和制度创新，加快绿色低碳科技革命。立足国情实际，统筹做好应对气候变化对外斗争与合作，不断增强国际影响力和话语权，坚决维护我国的发展权益。处理好减污降碳和能源安全、产业链供应链安全、粮食安全、群众正常生活的关系，有效应对绿色低碳转型可能伴随的经济、金融、社会风险，防止过度反应，确保安全降碳。	1. 在中央层面对碳达峰碳中和进行系统谋划、总体部署，为实现碳达峰碳中和工作指明了方向，做出了顶层设计。 2. 指导、推进了我国碳达峰碳中和工作，在碳中和体系中发挥了"1"号政策的统领作用，对汇聚全党全国力量来完成碳达峰碳中和战略目标具有重大意义。

续表

文件名称	发文主体和时间	内容要点	作用及意义
		3. 主要目标：到 2025 年，绿色低碳循环发展的经济体系初步形成，重点行业能源利用效率大幅提升，单位国内生产总值能耗比 2020 年下降 13.5%，单位国内生产总值二氧化碳排放比 2020 年下降 18%，非化石能源消费比重达到 20% 左右，森林覆盖率达到 24.1%，森林蓄积量达到 180 亿立方米，为实现碳达峰碳中和奠定坚实基础；到 2030 年，经济社会发展的全面绿色转型取得显著成效，重点耗能行业能源利用效率达到国际先进水平，单位国内生产总值能耗大幅下降，单位国内生产总值二氧化碳排放量达到峰值并实现稳中有降；到 2060 年，绿色低碳循环发展的经济体系和清洁低碳安全高效的能源体系全面建立，能源利用效率达到国际先进水平，非化石能源消费比重达到 80% 以上，碳中和目标顺利实现，生态文明建设取得丰硕成果，开创人与自然和谐共生新境界	
《国务院关于印发 2030 年前碳达峰行动方案的通知》	国务院；2021 年 10 月 24 日	聚焦 2030 年前碳达峰目标，对推进碳达峰工作做出总体部署，明确了 "总体部署、分类施策、系统推进、重点突破、双轮驱动、两手发力、稳妥有序、安全降碳" 的工作原则；提出了非化石能源消费比重、能源利用效率提升、二氧化碳排放降低等主要目标；要求将碳达峰贯穿于经济社会发展全过程和各方面，重点实施能源绿色低碳转型行动、节能降碳增效行动等 "碳达峰十大行动"，并就开展国际合作和加强政策保障做出相应部署；确保如期实现 2030 年前碳达峰目标	1. 是《中共中央 国务院关于完整准确全面贯彻新发展理念做好碳达峰碳中和工作的意见》的具体部署和落实，更加聚焦 2030 年前碳达峰目标，使相关指标和任务更加细化、实化、具体化。2. 在构建碳达峰碳中和 "1+N" 政策体系中，是 "N" 中首要的政策文件，发挥着重要作用，对各个地区制定本地区碳达峰行动方案起到指导作用

续表

文件名称	发文主体和时间	内容要点	作用及意义
《中华人民共和国国民经济和社会发展第十四个五年规划和2035年远景目标纲要》	十三届全国人民代表大会；2021年3月12日	1. 共19篇、65章，主要包括开启全面建设社会主义现代化国家新征程，坚持创新驱动发展，全面塑造发展新优势，加快发展现代产业体系，巩固壮大实体经济根基，形成强大国内市场，构建新发展格局，加快数字化发展，建设数字中国，全面深化改革，构建高水平社会主义市场经济体制，坚持农业农村优先发展，全面推进乡村振兴，提升城镇化发展质量，优化区域经济布局，促进区域协调发展，发展社会主义先进文化，提升国家文化软实力，推动绿色发展，促进人与自然和谐共生，实行高水平对外开放，开拓合作共赢新局面，提升国民素质，促进人的全面发展，增进民生福祉，提升共建共享发展水平，统筹发展和安全，建设更高水平的平安中国，加快国防和军队现代化，实现富国和强军相统一，加强社会主义法治建设，健全党和国家监督制度，坚持"一国两制"，推进祖国统一、加强规划和实施保障等内容	1. 主要阐明国家战略意图，明确政府工作重点，引导规范市场主体行为，是我国开启全面建设社会主义现代化国家新征程的宏伟蓝图，是全国各族人民共同的行动纲领。 2. 有助于加快形成绿色发展方式的绿色转型，构建绿色发展政策体系，有利于推动做好碳达峰碳中和各项工作，进一步落实碳达峰碳中和战略目标，有效推动实现2030年应对气候变化国家自主贡献目标。 3. 对推进生态文明建设、建设美丽中国等国家战略的实施具有重要意义
《关于促进应对气候变化投融资的指导意见》	生态环境部、国家发展改革委、中国人民银行、中国银行保险监督管理委员会、中国证券监督管理委员会；2020年10月20日	1. 明确了支持范围，提出了总体原则、主要目标，在总体要求下提出了发展气候投融资在政策体系、标准体系、社会资本、地方实践、国际合作，组织实施方面的六大支柱。 2. 明确气候投融资是绿色金融的重要组成部分，与绿色金融协同发展。 3. 推动形成气候投融资标准体系，发挥标准的预期引导和倒逼促进作用。	1. 首次从国家政策层面将气候变化投融资提上议程，对气候变化领域的建设投资、资金筹措和风险监管进行了全面部署。 2. 作为我国首个气候投融资领域的纲领性文件，该文件对落实党中央、国务院关于积极应对

续表

文件名称	发文主体和时间	内容要点	作用及意义
		4. 加快构建气候投融资政策体系，建立国家级项目库。 5. 开展气候投融资地方试点。 6. 探索市场化碳金融投资基金，鼓励企业和机构考量未来市场碳价格带来的影响	对气候变化的一系列重大决策部署，更好地发挥投融资对应对气候变化、"双碳"战略作用等具有重要意义
《国务院关于加快建立健全绿色低碳循环发展经济体系的指导意见》	国务院；2021年2月2日	1. 为我国绿色发展设计了"总蓝图"，设定了具有可操作性和可达性的分阶段目标。"总蓝图"：以习近平新时代中国特色社会主义思想为指导，坚定不移贯彻新发展理念，确保实现碳达峰碳中和目标，推动我国绿色发展迈上新台阶。"两步走"目标：到2025年，产业结构、能源结构、运输结构明显优化，生产生活方式绿色转型成效显著，绿色低碳循环发展的生产体系、流通体系、消费体系初步形成；到2035年，绿色发展内生动力显著增强，绿色产业比重达到国际先进水平，重点产品能源资源利用效率达到国际先进水平，生态环境根本好转，美丽中国建设目标基本实现。 2. 从健全绿色低碳循环发展的生产体系、健全绿色低碳循环发展的流通体系、健全绿色低碳循环发展的消费体系、加快基础设施绿色升级、构建市场导向的绿色技术创新体系、完善法律法规政策体系六个方面部署了重点工作任务，要求各地区各有关部门切实加强组织领导，保质保量完成各项任务	1. 我国首次从全局对建立健全绿色低碳循环发展的经济体系做出顶层设计和总体部署。 2. 在我国形成绿色生产生活方式，实现碳达峰碳中和目标，提高能源资源利用效率、缩小生态环境质量与人民群众的要求之间的差距、提高绿色技术总体水平、完善推动绿色发展的政策制度等方面具有重大意义。 3. 首次明确提出使发展建立在有效控制温室气体排放的基础上，这对实施积极应对气候变化国家战略、落实中央经济工作会议明确提出做好碳达峰碳中和工作做出了系统性安排

续表

文件名称	发文主体和时间	内容要点	作用及意义
			排，不仅是对绿色低碳发展目标的全面落实与推动，而且明确了要在推动绿色低碳发展中解决生态环境问题，强调了经济发展与生态环境保护、温室气体排放控制的统筹推进，有助于深化地方政府对绿色低碳发展的认识
《关于建立健全生态产品价值实现机制的意见》	中共中央办公厅、国务院办公厅；2021 年 4 月 26 日（新华社发布日期）	1. 要以体制机制改革创新为核心，推进生态产业化和产业生态化，加快完善政府主导、企业和社会各界参与、市场化运作、可持续的生态产品价值实现路径，着力构建绿水青山转化为金山银山的政策制度体系，推动形成具有中国特色的生态文明建设新模式。 2. 主要目标是，到 2025 年，生态产品价值实现的制度框架初步形成，比较科学的生态产品价值核算体系初步建立，生态保护补偿和生态环境损害赔偿政策制度逐步完善，生态产品价值实现的政府考核评估机制初步形成，生态产品"难度量、难抵押、难交易、难变现"等问题得到有效解决，保护生态环境的利益导向机制基本形成，生态优势转化为经济优势的能力明显增强，具有中国特色的生态文明建设新模式全面形成，广泛形成绿色生产生活方式，为基本实现美丽中国建设目标提供有力支撑	建立健全生态产品价值实现机制是贯彻落实习近平生态文明思想的重要举措，是践行绿水青山就是金山银山理念的关键路径，是从源头上推动生态环境领域国家治理体系和治理能力现代化的必然要求，有助于我国走出一条生态优先、绿色发展的新道路，对推动经济社会发展的全面绿色转型具有重要意义

续表

文件名称	发文主体和时间	内容要点	作用及意义
《国家标准化发展纲要》	中共中央、国务院；2021年10月10日（新华社发布日期）	1. 标准是经济活动和社会发展的技术支撑，是国家基础性制度的重要方面。标准化在推进国家治理体系和治理能力现代化中发挥着基础性、引领性作用。新时代推动高质量发展，全面建设社会主义现代化国家迫切需要进一步加强标准化工作。 2. 要以习近平新时代中国特色社会主义思想为指导，加快构建推动高质量发展的标准体系。到2025年，实现标准供给由政府主导向政府与市场并重转变，标准运用由产业与贸易为主向经济社会全域转变，标准化发展由数量规模型向质量效益型转变。标准化工作由国内驱动向国内国际相互促进转变，加有效地推动了国家综合竞争力的提升，促进了经济社会的高质量发展，在构建新发展格局中发挥了更大的作用。 3. 就推动标准化与科技创新互动发展，提升产业标准化水平，完善绿色发展标准化保障，加快推动城乡建设和社会建设标准化进程，提升标准化对外开放水平，推动标准化改革创新，夯实标准化发展基础等作出明确部署	1. 标准是经济活动和社会发展的技术支撑，是国家基础性制度的重要方面。标准化在推进国家治理体系和治理能力现代化中发挥着基础性、引领性作用。新时代推动现代化建设社会主义现代化国家进一步加强标准化工作。 2. 优化了生态系统建设和保护标准，健全了绿色金融、生态旅游等绿色发展标准，推动制定重点行业和产品温室气体排放标准，完善了可再生能源标准。 3. 有助于健全碳达峰碳中和标准，有利于推动做好碳达峰碳中和各项工作，加快推进碳达峰工作成势见效，进一步落实碳达峰碳中和国家目标，对加快我国实现碳中和目标、实现应对气候变化目标具有重要意义

续表

文件名称	发文主体和时间	内容要点	作用及意义
《国家发展改革委 国家能源局关于完善能源绿色低碳转型体制机制和政策措施的意见》	国家发展改革委、国家能源局；2022年1月30日	作为能源领域推进碳达峰碳中和工作的综合性政策文件，坚持系统观念，从体制机制改革和政策保障的角度对能源绿色低碳发展进行了系统筹划。 1. 统筹协同推进能源战略和规划。立足发挥能源绿色低碳转型的引领作用，提出各省级能源规划均应明确应能源绿色低碳转型的目标和任务，国家建立能源绿色低碳转型的监测评价和考核机制，建立跨部门、跨区域的能源发展协调机制。 2. 统筹能源转型与安全。在保障能源安全的前提下有序推进能源绿色低碳转型，先立后破。 3. 统筹能源生产与消费绿色低碳转型。坚持上下游企业同步发力、联动推进能源绿色低碳转型。 4. 统筹各类市场主体协同转型。完善体制和政策措施机制，增强各类市场创新活力	1. 能源生产和消费相关活动是最主要的二氧化碳排放源，大力推动能源领域碳减排是做好碳达峰碳中和工作的重要举措。完善现代能源体系的重要举措，完善能源绿色低碳转型的体制机制和政策措施是适应新形势下推进能源绿色低碳转型的需要。 2. 作为碳达峰碳中和"1+N"政策体系的重要保障方案之一，是《中共中央 国务院关于完整准确全面贯彻新发展理念做好碳达峰碳中和工作的意见》《国务院关于印发2030年前碳达峰行动方案的通知》在能源领域政策措施的具体化。与能源领域政策协同实施，形成政策合力，成体系落地推进能源绿色低碳转型

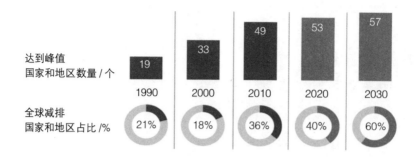

图 3-1　全球 1990—2030 年碳达峰国家和地区数量、减排国家和地区占比

（资料来源：世界资源研究所）

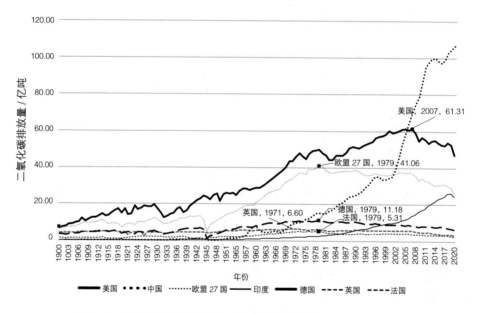

图 3-2　全球主要国家和地区二氧化碳排放量（1900—2020 年）

（资料来源：全球碳项目，二氧化碳信息分析中心）

氧化碳排放量为 61.31 亿吨；英国于 1971 年实现碳达峰，达峰时二氧化碳
排放量为 6.60 亿吨；德国和法国均于 1979 年实现碳达峰，达峰时二氧化
碳排放量分别为 11.18 亿吨和 5.31 亿吨；欧盟 27 国[①]平均达峰时间为 1979
年，达峰时二氧化碳排放量为 41.06 亿吨[②]。中国政府宣布二氧化碳排放力争
于 2030 年前达到峰值，努力争取 2060 年前实现碳中和。从碳达峰到实现
碳中和，欧盟经过长达 60 年的时间，美国接近 45 年，而中国争取在 30 年
的时间内实现这一过程（从宣布到实现碳中和也只有短短 40 年时间）。作
为一个发展中国家，人口多、碳排放基数大，面对时间紧、任务重的现实情
况，中国需要付出不懈努力、战胜重重困难，才有可能实现碳达峰碳中和战
略目标。

　　为向发达国家迈进，中国的工业化、城镇化正在逐步实现之中。能源
结构以煤炭、石油等一次能源为主，能源强度是世界平均水平的 1.3 倍，远
高于一些发达国家，是经济合作与发展组织（OECD）国家的 2.7 倍。这些
因素导致中国年度二氧化碳排放量还需要不断攀升，并将伴随着中国经济
的发展持续相当长一段时间，如果不进行政策和其他人为的强有力干预，
短期内二氧化碳排放量很难达到峰值（图 3-2）。

　　全球近 200 个缔约方签署的《巴黎协定》就控制全球温升与工业化前水

---

① 截至 2022 年 3 月 23 日，欧盟共有 27 个成员国，分别是奥地利、比利时、保加利亚、克罗地亚、塞
浦路斯、捷克、丹麦、爱沙尼亚、芬兰、法国、德国、希腊、匈牙利、爱尔兰、意大利、拉脱维亚、
立陶宛、卢森堡、马耳他、荷兰、波兰、葡萄牙、罗马尼亚、斯洛伐克、斯洛文尼亚、西班牙、瑞
典。——编者注

② Global Carbon Project. Share of global annual CO_2 emissions［DB/OL］.（2021-11-04）［2022-03-11］.
https://ourworldindata.org/search?q=co2.

平相比不超过 2℃，并进一步努力控制在 1.5℃以下的应对气候变化目标达
成了国际共识。实现这一目标需要世界各国加大减排力度，到 2050 年实现
全球二氧化碳的近零排放，甚至是净零排放。由于发达国家已经进入后工业
时代，能源生产和消耗整体向非化石能源转型，二氧化碳排放已经达到峰
值，主要发达国家及地区纷纷提出自己的碳中和目标和时间表（图 3-3）。

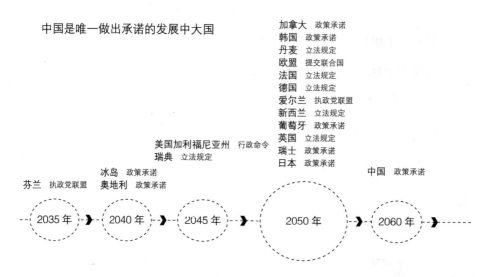

图 3-3　主要国家和地区碳中和时间表

（资料来源：Net zero tracker 网站）

美国是世界上人均二氧化碳排放最高的国家，2020 年达到 14.24 吨 / 人，
远高于全球平均水平 4.47 吨 / 人，是全球平均水平的 3 倍多。从人均排放
的角度来看，美国、英国、法国已处于下降阶段，印度刚刚启动，相当于
我国 20 世纪 60 年代的水平，尚未真正到达快速增长时期。中国的人均碳
排放持续上升，2020 年达到 7.41 吨 / 人，较 2019 年的 7.32 吨 / 人上升 1.2%

（图 3-4）。虽然中国人均二氧化碳排放量逐年上升，甚至超过一些发达国家，但按照人均累计二氧化碳排放量计算，全球平均水平为 370.83 吨 / 人，美国为 1996.09 吨 / 人，英国为 1175.21 吨 / 人，德国为 1163.16 吨 / 人，法国为 698.96 吨 / 人，而中国只有 189.40 吨 / 人，远远低于发达国家的累计二氧化碳排放水平，也低于全球平均排放水平（图 3-5）。一个国家的发展程度和人均累计碳排放有密切关系，中国现在的碳排放量与中国经济发展较快有关，中国的人均碳排放量虽已超过全球平均水平，但人均累计碳排放量远低于全球平均水平，这意味着中国经济的发展需要更多的碳排放空间，实现碳达峰碳中和更为困难。

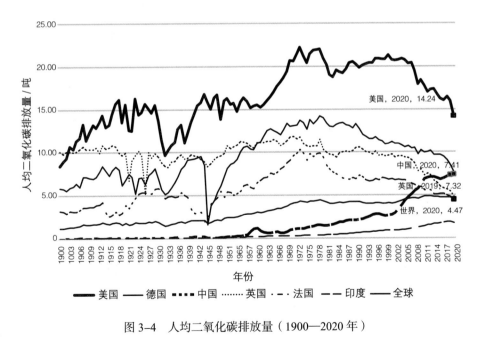

图 3-4　人均二氧化碳排放量（1900—2020 年）

（数据来源：北京汇智绿色资源研究院根据国家统计局数据整理）

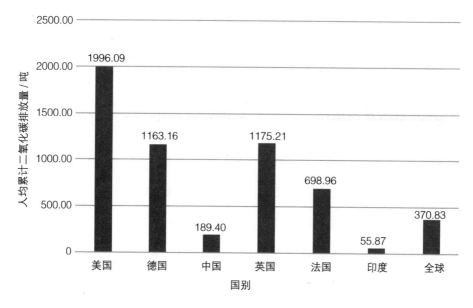

图3-5　人均累计二氧化碳排放量（1900—2020 年）

（资料来源：全球碳项目，二氧化碳信息分析中心）

中国排放的二氧化碳主要来自两个方面——化石能源（煤炭、石油、天然气等）的燃烧和工业过程（炼钢、水泥生产等）等，前者的二氧化碳排放量占 90% 左右，后者的排放量占 10% 左右。

三、中国碳达峰碳中和的时间安排

根据中国的能源结构及自身的发展特色和规律，我们把实现碳达峰碳中和的时间表细分为 2006 年前能源短缺、2006—2015 年总体能源平衡、2015—2020 年能源转型、2020—2030 年碳达峰、2030—2050 年后达峰、2050—2060 年碳中和 6 个阶段（图 3-6）。

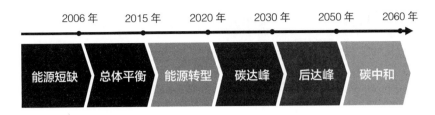

图 3-6 中国碳达峰碳中和的时间表

（一）2006 年以前能源短缺阶段

国家发展改革委提供的数据显示[①]，中国石油、天然气人均资源量仅为世界平均水平的 7.7% 和 7.1%。随着国民经济的平稳较快发展，城乡居民消费结构升级，能源消费将继续保持增长趋势，资源约束矛盾更加突出。2005 年，中国的一次能源生产总量为 20.6 亿吨标准煤，消费总量为 22.5 亿吨标准煤，分别占全球的 13.7% 和 14.8%，中国成为世界第二大能源生产和消费国。2005 年，中国石油对外依存度已超过 40%。当时，国际油价大幅震荡、不断攀升，给中国经济社会发展带来多方面影响。中国的战略石油储备体系建设刚刚起步，应对供应中断的能力较弱；影响天然气、电力安全供应的因素趋多；煤矿安全形势不容乐观，维护能源安全任务艰巨。

可见，当时中国能源面临巨大挑战，资源赋存不均衡，开发难度较大，已探明石油、天然气等优质能源储量严重不足，再加上能源利用技术落后、利用低下，在经济高速增长的条件下，中国能源的消耗速度比其他国家更快。日益增长的对外能源需求造成的能源压力迫使我们不得不寻找解决能源危机的突围之路。

[①] 国际能源网. 国家发改委发布《能源发展"十一五"规划》[EB/OL].（2007-04-11）[2022-03-11]. https://www.in-en.com/article/html/energy-80214.shtml.

（二）2006—2015 年总体能源平衡阶段

"十一五"时期，我国能源快速发展，供应能力明显提高，产业体系进一步完善，基本满足了经济社会发展的需要，为"十二五"能源发展奠定了坚实基础。一方面，能源供应能力显著增强。一次能源生产总量连续 5 年位居世界第一，2010 年达到 29.7 亿吨标准煤；电力装机规模比 2005 年增长将近一倍，达到 9.7 亿千瓦，居世界第二。另一方面，清洁能源比重逐步增加。2010 年，我国水电装机规模达到 2.2 亿千瓦，位居世界第一；核电在建规模 2924 万千瓦，占世界核电在建规模的 40% 以上；"十一五"时期新增风电装机规模约为 3000 万千瓦，2010 年并网规模位居世界第二；太阳能热水器集热面积继续保持世界第一。[①]

"十二五"时期我国能源发展较快，供给保障能力不断增强，发展质量逐步提高，创新能力迈上新台阶，新技术、新产业、新业态和新模式开始涌现，能源发展站到转型变革的新起点。能源供给保障有力。能源生产总量、电力装机规模和发电量稳居世界第一，长期以来的保供压力基本缓解。大型煤炭基地建设取得积极成效，建成了一批安全高效的大型现代化煤矿。油气储采比稳中有升，能源储运能力显著增强，油气主干管道里程从 7.3 万千米增长到 11.2 万千米，220 千伏及以上输电线路长度突破 60 万千米，"西电东送"能力达到 1.4 亿千瓦，资源跨区优化配置能力大幅提升。[②]

---

① 国务院.国务院关于印发能源发展"十二五"规划的通知：国发〔2013〕2 号〔EB/OL〕.（2013-01-01）〔2022-03-11〕. http://www.gov.cn/zwgk/2013-01/23/content_2318554.htm.

② 国家发展改革委，国家能源局.国家发展改革委 国家能源局关于印发能源发展"十三五"规划的通知：发改能源〔2016〕2744 号〔EB/OL〕.（2017-01-17）〔2022-03-11〕. http://www.nea.gov.cn/2017-01/17/c_135989417.htm.

"十一五"和"十二五"期间，我国政府出台了一系列能源政策，能源消费量得到有效控制并持续下降，能源生产消费逐步实现总体平衡态势。

（三）2015—2020 年能源转型阶段

根据《能源发展"十三五"规划》[1]，到 2020 年煤炭在能源消费中的比重降至 58%，下降了 6 个百分点，而天然气的占比力争由 2015 年的 5.9% 上升至 10%。

根据《中国能源发展报告 2020》和《中国电力发展报告 2020》[2]，"十三五"时期的能源、电力规划目标全面达成，能源消费"双控"有效落实，能源供给能力和质量大幅提升，发电装机突破 22 亿千瓦，电力结构不断优化，水、风、太阳能发电规模稳居世界第一，自主创新和重大装备国产化取得积极进展，能源数字化、智能化升级不断推进，电力体制改革迈出重大步伐，油气体制改革取得重大突破。

"十三五"时期的能源和电力发展为"十四五"发展奠定了坚实基础。到 2020 年，能源和电力发展的"十三五"规划目标与任务顺利完成，安全保障能力持续增强，生产和消费结构不断优化，系统效率显著提升，体制改革和科技创新取得突破，能源和电力工业高质量发展的基础更加坚实，为新常态下经济社会的转型升级和稳定发展提供了有力支撑（图 3-7）。

---

[1] 中国政府网. 能源局发布《能源发展"十三五"规划》等［EB/OL］.（2017-01-05）［2022-03-11］. http://www.gov.cn/xinwen/2017/01/05/content_5156795.htm#1.

[2] 中国能源建设集团有限公司. 电规总院发布《中国能源发展报告 2020》《中国电力发展报告 2020》［EB/OL］.（2021-07-15）［2022-03-11］. http://www.sasac.gov.cn/n2588025/n2588124/c19710818/content.html.

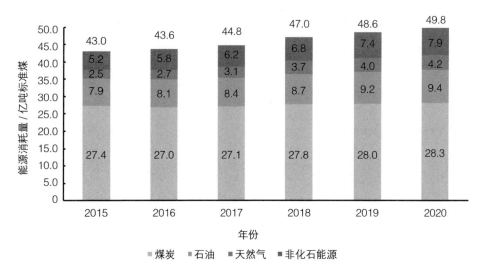

图 3-7　2015—2020 年中国能源消费结构

（数据来源：国家统计局、国家能源局及相关资料整理）

"十三五"期间，我国积极推进能源消费革命，落实了能源消费总量和强度"双控"制度——能源消费总量控制在 50 亿吨标准煤以内，年均增速控制在 3% 以内，以较低的增速保障了经济健康发展和民生福祉改善。

（四）2020—2030 年碳达峰阶段

从"十四五"到"十五五"时期，我国经济向绿色低碳循环经济转型，经济社会发展全面向绿色转型，根本解决资源环境生态问题，实现 2030 年前碳达峰战略目标。

今后 10 年间，我国二氧化碳排放的增量要逐步降到 0，之后我国化石能源的消费量基本不再增加。届时，我国新增的能源消费量将以非化石能源、清洁能源为主，非化石能源占一次消费的比重将达到 25% 左右，能源结构会发生很大的变化。在产业结构方面，将会淘汰落后产业、落后技术，并通过打造新产业、新业态来拉动经济增长。

我们知道，党的十八届五中全会明确了国家能源总方针：推动低碳循环发展，建设清洁低碳、安全高效的现代能源体系，实施近零碳排放区示范工程。

在这一总方针的基础上，党的十九届五中全会提出了更有力度的国家能源总方针：用科技实现碳达峰和碳中和，以绿色完成能源革命目标。党的十九届五中全会后，我国能源将迎来"二浪二破，二生二死"。其中，"二浪二破"是指绿色化之浪、智能化之浪，碳中和破绿色化之浪、数字化破智能化之浪；"二生二死"是指绿色化者则生、高碳顽固者则死，数字化者则生、故步自封者则死。

"十四五"能源革命要紧紧围绕三个"主"字下功夫：绿色化主战场，发展可再生能源；双循环主动脉，分布式与智能网；高质量主力军，两化进一步融合（绿色化，发展可再生能源；智能化，建设能源互联网）。

根据《中华人民共和国国民经济和社会发展第十四个五年规划和2035年远景目标纲要》（以下简称《"十四五"规划纲要》），"十四五"期间，生产生活方式绿色转型成效显著，能源资源配置更加合理、利用效率大幅提高，单位国内生产总值能源消耗和二氧化碳排放分别降低13.5%、18%。

我们要构建现代能源体系。推进能源革命，建设清洁低碳、安全高效的能源体系，提高能源供给保障能力。加快发展非化石能源，坚持集中式和分布式并举，大力提升风电、光伏发电规模，加快发展东中部分布式能源，有序发展海上风电，加快西南水电基地建设，安全稳妥推动沿海核电建设，建设一批多能互补的清洁能源基地，非化石能源占能源消费总量的比重提高到 20% 左右。

为稳步推进碳达峰碳中和工作，2022 年国家能源局将全力保障能源安全[①]，继续发挥煤炭"压舱石"作用，有效发挥煤电基础性调节作用，扎实提高电力安全保供能力，保障北方地区群众安全温暖过冬。加快能源绿色低碳发展，加强政策措施保障，加快实施可再生能源替代行动，积极安全有序地发展核电，提升电力系统的调节能力。

与此同时，国家能源局重视科技攻关和产业推广，将加快推进技术装备攻关；重点推动燃气轮机、核电、可再生能源、油气、储能、氢能等重点领域技术攻关，力争绿色低碳前沿技术取得突破；大力开展技术和产业创新，着力构建能源领域碳达峰碳中和标准体系，推进数字化技术创新；加快 5G、区块链在能源领域的应用，推动新型储能规模化、市场化发展，探索氢能、综合智慧资源服务发展新模式。

（五）2030—2050 年后达峰阶段

碳达峰不是"双碳"战略的终极目标，碳中和才是。因此，中国工程院院士杜祥琬认为，碳达峰不是"攀高峰"，更不是"冲高峰"，而是在高质量经济发展的同时达峰，是产业结构优化和技术进步导致碳强度逐步降低的达峰，是瞄准碳中和的达峰。作为我国经济社会发展的新引擎，碳中

---

① 人民网. 十问中国经济 2022：碳达峰碳中和如何稳步推进？［EB/OL］.（2022–01–21）［2022–03–28］. http://m.people.cn/n4/2022/0121/c125-15406775.html.

和要开创一条兼具成本效益、经济效益和社会效益的路径。

中国实现碳达峰之后，将进入 2030—2050 年这一后达峰阶段。我们认为，这一阶段将面临排放总量大、减排时间紧、制约因素多等巨大挑战，需要付出艰苦卓绝的努力，预计碳排放在达峰后先缓慢下降，进而快速下降，为最终实现碳中和开启脱碳过程。

相关研究[①]预测，在 2050 年能源消费总量 55 亿吨、非化石能源消费比重 75% 的高能耗 – 低比重情景下，能源消费二氧化碳排放量可以减少到 30 亿吨左右。

要在此过程中巩固后达峰阶段的碳达峰效果，我国应注重自我创新、地区协同发展，加强与国际社会合作，创新碳减排技术，提升碳减排效率，以实现清洁低碳转型为目标，为最终达成碳中和目标奠定基础。

为适应后达峰阶段的要求，展望未来的能源发展，可将其总结为"十化"，即能源资源多元化、能源来源属地化、能源技术智能化、能源生命数字化、能源生产分散化、能源联网共享化、能源利用高效化、能源使用便利化、能源服务普遍化和能源经济低碳化。其中，能源经济低碳化是指对环境、气候负面影响较小的低碳替代能源经济。低碳能源主要分为两类：一是清洁能源，如核能、天然气等；二是可再生能源，如风能、水能、太阳能、生物质能等。在清洁能源中，核能是新型能源，具有高效、无污染等特点，是一种清洁优质的能源；天然气属于低碳能源，其燃烧后不会产生废渣、废水，具有使用安全、热值高、洁净等特点。可再生能源是指可

---

① 林卫斌，吴嘉仪 . 碳中和目标下中国能源转型框架路线图探讨［J/OL］. 价格理论与实践，2021（6）：9–12.

以永续利用的能源资源，其对环境的污染和排放的温室气体远低于化石能源，甚至可以达到零排放，特别是在风能和太阳能发电阶段，没有碳排放产生。利用农作物秸秆作为燃料发电，在燃烧秸秆时排放的碳来自大气层，没有产生新的碳排放，属于"碳中和"能源。我国可再生能源资源十分丰富，在后达峰阶段应该大力发展新能源，大力优化能源结构，推进能源低碳化。

徐锭明认为，后达峰阶段要大力发展的智慧能源主要包括可再生式能源、分布式能源、民主式能源[1]、信息式能源、能量式能源和共享式能源。面对未来的能源发展，一要全面推动能源革命，二要主动摆脱煤炭依赖，三要自觉跨越油气时代，四要热烈拥抱零碳未来，五要深度实现"两化"[2]融合。其中，"深度实现两化融合"实际上要求"两化两转型"，即去碳化实现绿色化转型、数字化实现智能化转型。"两化两转型"将是中国能源高质量发展的必然趋势和必由之路，其辩证关系是，智能化必然去碳化、绿色化，绿色化必然是数字化、智能化的。绿色化的途径主要是发展可再生能源，智能化的途径主要是建设能源互联网。通过技术创新和升级改造，发展分布式可再生能源与能源互联网，实现能源智能化和两化深度融合。未来借助互联网，能源将在全生命周期中、在空间与时间上实现平衡、协调优化和智能，以支撑可持续发展并造福人类。

我们认为，"两化两转型"，发展低碳能源经济、智慧能源，有利于促

---

[1]　民主式能源是指人人开发能源、人人控制能源、人人享有能源、人人获益能源，人人成为能源的主人，实现人人享有可持续能源的目标。

[2]　两化是指去碳化、数字化，即绿色化、智能化。

进小循环、集聚资源、推动增长、激励创新、扩大低碳经济的影响力和辐射力，必将为全面实现碳中和目标奠定基础，同时将有力推进全国能源市场的有序建设。

总之，实现碳达峰后将进入后达峰阶段，中国面向碳中和进一步减排的各方面优势（如环境、能源、技术创新及市场等）将全面凸显，进而实现向绿色低碳发展路径的整体跃迁。

（六）2050—2060 年碳中和阶段

在碳中和阶段，二氧化碳实现净零排放，这就意味着二氧化碳排放取决于能源消费总量和能源消费结构。在 2060 年之前实现近零排放，中国在能源消费总量 40 亿吨、非化石能源消费比重 90% 的低能耗 - 高比重的情景下，能源消费二氧化碳排放量减少到 10 亿吨左右；在 2060 年能源消费总量 45 亿吨、非化石能源消费比重 75% 的高能耗 - 低比重情景下，能源消费二氧化碳排放量可以减少到 20 亿吨左右 [①]。到 2060 年，中国将实现二氧化碳净零排放，建成净零排放新型能源体系，未来能源系统将依靠零碳的非化石能源，虽然仍会存在一定规模的化石能源，但通过碳捕集、利用与封存技术可将这一部分化石能源使用所带来的二氧化碳排放进行捕集、利用或封存。此外，以林业碳汇为主的生态碳汇也将为中和必须排放的二氧化碳做出重要的贡献。

---

① 林卫斌，吴嘉仪 . 碳中和愿景下中国能源转型的三大趋势［J］. 价格理论与实践，2021（6）：9-12.

四、中国碳达峰碳中和的路径框架

2020 年 9 月，中国政府已经明确了碳达峰碳中和的时间表。经过一年的分析研判，在提出碳达峰碳中和战略目标一周年之际，《中共中央　国务院关于完整准确全面贯彻新发展理念做好碳达峰碳中和工作的意见》发布，明确了我国碳达峰碳中和战略目标的实现路径、路线图和施工图，在"1+N"政策体系中发挥"1 号政策"的统领性作用。紧接着，2021 年 10 月 24 日，国务院印发《2030 年前碳达峰行动方案》，这是首次针对碳达峰出台的纲领性政策，确定了碳达峰目标的实现路线图。我国碳达峰碳中和战略的阶段目标见表 3-2。

表 3-2　中国碳达峰碳中和战略主要阶段目标

主要阶段	《中共中央　国务院关于完整准确全面贯彻新发展理念做好碳达峰碳中和工作的意见》	《2030 年前碳达峰行动方案》
到 2025 年	绿色低碳循环发展的经济体系初步形成，重点行业能源利用效率大幅提升。单位国内生产总值能耗比 2020 年下降 13.5%；单位国内生产总值二氧化碳排放比 2020 年下降 18%；非化石能源消费比重达到 20% 左右；森林覆盖率达到 24.1%，森林蓄积量达到 180 亿立方米，为实现碳达峰碳中和奠定坚实基础	"十四五"期间，产业结构和能源结构调整优化取得明显进展，重点行业能源利用效率大幅提升，煤炭消费增长得到严格控制，新型电力系统加快构建，绿色低碳技术研发和推广应用取得新进展，绿色生产生活方式得到普遍推行，有利于绿色低碳循环发展的政策体系进一步完善；非化石能源消费比重在 20% 左右，单位国内生产总值能源消耗比 2020 年下降 13.5%，单位国内生产总值二氧化碳排放比 2020 年下降 18%，为实现碳达峰奠定坚实基础

主要阶段	《中共中央 国务院关于完整准确全面贯彻新发展理念做好碳达峰碳中和工作的意见》	《2030 年前碳达峰行动方案》
到 2030 年	经济社会发展全面绿色转型取得显著成效，重点耗能行业能源利用效率达到国际先进水平。单位国内生产总值能耗大幅下降；单位国内生产总值二氧化碳排放比 2005 年下降 65% 以上；非化石能源消费比重达到 25% 左右，风电、太阳能发电总装机容量达到 12 亿千瓦以上；森林覆盖率达到 25% 左右，森林蓄积量达到 190 亿立方米，二氧化碳排放量达到峰值并实现稳中有降	"十五五"期间，产业结构调整取得重大进展，清洁低碳安全高效的能源体系初步建立，重点领域低碳发展模式基本形成，重点耗能行业能源利用效率达到国际先进水平，非化石能源消费比重进一步提高，煤炭消费逐步减少，绿色低碳技术取得关键突破，绿色生活方式成为公众的自觉选择，绿色低碳循环发展政策体系基本健全；非化石能源消费比重在 25% 左右，单位国内生产总值二氧化碳排放比 2005 年下降 65% 以上，顺利实现 2030 年前碳达峰目标
到 2060 年	绿色低碳循环发展的经济体系和清洁低碳安全高效的能源体系全面建立，能源利用效率达到国际先进水平，非化石能源消费比重达到 80% 以上，碳中和目标顺利实现，生态文明建设取得丰硕成果，开创人与自然和谐共生新境界	—

根据《"十四五"规划纲要》和国家各委办局出台的政策文件，中国碳达峰碳中和战略的分领域分阶段目标整理如下：

能源领域： 2030 年非化石能源占一次能源消费的比例在 25% 左右；"十四五"期间严控煤炭消费增长，"十五五"期间逐步减少；2025 年风电、光伏发电量占全社会用电量的比例约为 16.5%；2030 年风电、光电总装机容量在 12 亿千瓦以上。

工业领域：主要工业产品资源、能源资源利用率在 2035 年前后达到国际先进水平；钢铁和水泥等高耗能行业率先达峰；2025 年前钢铁行业碳排放达峰，2030 年较峰值降低 30%；水泥行业可能在 2023 年前实现碳达峰；未来 15 年推进智能制造。

交通领域：新能源汽车新车销售量占汽车新车销售总量的比重 2025 年达到约 20%，2030 年达到 40%，2035 年达到 50% 以上；氢燃料汽车 2025 年约有 10 万辆，2030 年约有 100 万辆。

建筑领域：2022 年城镇新建建筑中绿色建筑面积占比达 70%；实施近零能耗建筑标准和满足国家有关绿色制冷、绿色供暖等政策要求。

农林及非二氧化碳气体领域：2030 年相对 2005 年森林蓄积量增加 60 亿立方米；2025 年全国森林覆盖率达到 24.1%，森林蓄积量达到 190 亿立方米，草原综合植被覆盖度达到 57%，湿地保护率达到 55%，60% 可治理沙化土地得到治理；全面推进无废城市建设，减少食品浪费；接受《〈蒙特利尔议定书〉基加利修正案》，加强非二氧化碳温室气体管控。

中国承诺力争实现 2030 年前碳达峰、2060 年前碳中和，宏伟目标已确立，时间表已明确，国家政策已经制定，那么要通过哪些途径才能实现呢？

我们知道，实现碳达峰碳中和是一场广泛而深刻的经济社会系统性变革，的确是一项极为复杂的系统工程，涉及经济社会发展的方方面面。《中共中央　国务院关于完整准确全面贯彻新发展理念做好碳达峰碳中和工作的意见》坚持系统论的观念，提出 10 个方面 31 项重点任务，明确了国家碳达峰碳中和工作的实现路径、路线图和施工图（表 3-3），将统领我国未来 40 年落实碳达峰碳中和战略目标的伟大实践。

表 3-3　中国碳达峰碳中和战略目标的实现路径

序号	实现路径	重点任务
1	推进经济社会发展全面绿色转型	• 强化绿色低碳发展规划引领 • 优化绿色低碳发展区域布局 • 加快形成绿色生产生活方式
2	深度调整产业结构	• 推动产业结构优化升级 • 坚决遏制高耗能高排放项目盲目发展 • 大力发展绿色低碳产业
3	加快构建清洁低碳安全高效的能源体系	• 强化能源消费强度和总量"双控" • 大幅提升能源利用效率 • 严格控制化石能源消费 • 积极发展非化石能源 • 深化能源体制机制改革
4	加快推进低碳交通运输体系建设	• 优化交通运输结构 • 推广节能低碳型交通工具 • 积极引导低碳出行
5	提升城乡建设绿色低碳发展质量	• 推进城乡建设和管理模式的低碳转型 • 大力发展节能低碳建筑 • 加快优化建筑用能结构
6	加强绿色低碳重大科技攻关和推广应用	• 强化基础研究和前沿技术布局 • 加快先进适用技术研发和推广
7	持续巩固提升碳汇能力	• 巩固生态系统碳汇能力 • 提升生态系统碳汇增量
8	提高对外开放绿色低碳发展水平	• 加快建立绿色贸易体系 • 推进绿色"一带一路"建设 • 加强国际交流与合作
9	健全法律法规标准和统计监测体系	• 健全法律法规 • 完善标准计量体系 • 提升统计监测能力
10	完善政策机制	• 完善投资政策 • 积极发展绿色金融 • 完善财税价格政策 • 推进市场化机制建设

资料来源：根据《中共中央　国务院关于完整准确全面贯彻新发展理念做好碳达峰碳中和工作的意见》整理而成。

五、本章小结

构建完善的碳达峰碳中和政策体系，制定切实可行的碳达峰碳中和时间表、路线图、施工图、实现路径，对于落实国家碳达峰碳中和战略目标、推进国家可持续发展和构建人类命运共同体具有重大意义。本章从国家战略高度梳理了与我国实现碳达峰碳中和相关的国家政策体系，分析了我国在"双碳"领域面临的严峻形势，理清了实现我国碳达峰碳中和的总目标、阶段性目标和分领域目标，明确了时间表、路线图和施工图，对落实碳达峰碳中和战略决策具有重要的理论指导价值和实践指导意义。

实践篇

➲ 第四章　节能降碳

　　加快构建清洁低碳安全高效的能源体系，进行能源革命，是我国实现碳达峰碳中和战略目标的核心途径，而节能降碳是其中减少温室气体排放最直接、最有效的手段。我们需要制定符合我国经济发展实际情况的节能降碳路线图和施工图。"十四五"期间，我国生态文明建设的重点战略方向将以降碳为主，要提高非化石能源利用效率，提高节能降碳技术的创新和应用，降低二氧化碳排放，大力发展清洁能源，先立后破。如期实现碳达峰碳中和战略目标，需要我们真抓实干，进行艰苦卓绝的长期拼搏。本章将在分析我国节能降碳现状的基础上，研究经济增长和能源消耗的现状，分析面临的主要挑战，明确节能降碳对实现碳达峰碳中和战略目标的意义，进而提出我国节能降碳的方向和路径，最后给出节能提效实际案例，并提出相关对策建议，以期为我国节能降碳、"双碳"战略提供参考。

一、中国节能降碳的现状和挑战

（一）基础知识

自经济高质量转型以来，我国高度重视节能降碳工作，把节能降碳作为加快推进生态文明建设的重要抓手，不断加强节能降碳工作并取得显著成效。为了做好节能降碳工作，以下简要介绍节能降碳的本质、成果及日常参与等基础知识。

节能降碳的本质：节能降碳是指节约能源和降低二氧化碳排放，其实质是从源头降低资源代价，控制和减少化石能源使用和碳排放。开拓节能降碳路径，加快重点领域的节能降碳步伐，能够带动我国产业的绿色转型升级，促进落实碳达峰碳中和战略目标。

节能降碳的成果：节能降碳在"十三五"时期成果丰硕，推动了能源领域的节能降碳及工业领域产品能源消费的持续下降，使建筑行业、交通运输领域和公共机构领域的能源消费更加绿色高效，带动了节能产业的繁荣发展，节能降碳技术和信息化水平实现突破性进展，能源利用效率大幅提高。节能降碳贯穿碳达峰碳中和战略目标实现的各个环节，涉及绿色转型的整个经济活动领域。

日常参与节能降碳：日常生活工作中可以参与的节能降碳活动有很多，如尽量不用电动牙刷，出门前关空调、电视，下班关电脑、电灯，减少使用一次性餐盒、一次性塑料袋等，杜绝浪费水、粮食、衣物，少用跑步机，少开私家车，采用无纸化办公，等等。俭以养德是古人的一种智慧和美德，我们在日常生活工作中也应积极践行勤俭节约的理念，这不仅是弘扬中华传统美德，修身养性、提高品德的具体体现，更是减少地球宝贵的资源能源消耗、减少碳排放、减缓气候变化、保护地球母亲的伟大实践，其意义十分重大。

（二）现状和挑战

节能降碳和经济增长、产业结构、能源结构具有密不可分的内在联系。我们知道，我国经济增长与能源消费紧密联系，尚未实现强脱钩，这表明我国经济的增长必然增加能源的消费[①]。

1. 宏观经济背景

改革开放以来，我国工业化进程不断加快，国内生产总值总量持续攀升，已经从改革开放初期的不到4000亿元跃升到2020年首次突破百万亿元大关，高达101.6万亿元，成为世界第二大经济体。中国改革开放40多年创造了世界奇迹。由图4-1可知，2011—2019年，我国国内生产总值增速基本保持在6%以上，2020年在新冠肺炎疫情的冲击下增速放缓，但依然比2019年增长了2.3%，中国成为世界上受疫情冲击但经济仍保持正向增长的国家。2020年，我国国内生产总值实现新突破，但随之而来的是近百亿吨（98.99亿吨）的二氧化碳排放，同比增长0.6个百分点，占全球碳排放总量的30.7%[②]。预计2020—2025年，我国国内生产总值年均增速在5.5%左右；2025—2030年，我国国内生产总值年均增速在2.6%左右，能源需

① 史丹.经济增长和能源消费正逐渐脱钩[J].理论导报，2017（7）：56.
② 英国石油公司（BP）.BP世界能源统计年鉴2021（第70版）[R/OL].（2021-07-08）[2022-03-11]. https://www.bp.com/content/dam/bp/business-sites/en/global/corporate/pdfs/energy-economics/statistical-review/bp-stats-review-2021-full-report.pdf.

求和消费总量也必将伴随经济增长而大幅上升[①]。因此，转换经济增长方式、谋求高质量经济发展、促进经济低碳绿色转型是我国节能降碳的重要途径。

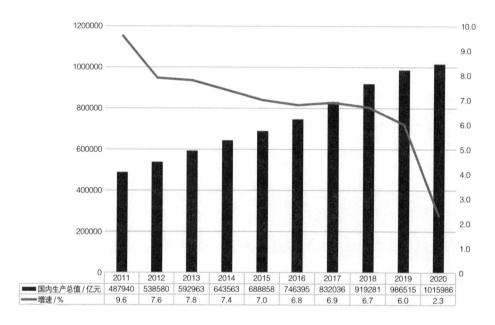

	2011	2012	2013	2014	2015	2016	2017	2018	2019	2020
■ 国内生产总值/亿元	487940	538580	592963	643563	688858	746395	832036	919281	986515	1015986
— 增速/%	9.6	7.6	7.8	7.4	7.0	6.8	6.9	6.7	6.0	2.3

图 4-1   2011—2020 年国内生产总值及增速

（数据来源：北京汇智绿色资源研究院根据国家统计局数据整理）

2. 产业结构背景

我国产业结构变化趋势遵循世界发达国家工业化发展变化趋势。由图 4-2 可知，2011—2020 年，我国第三产业比重不断上升，第一、第二产业的比重逐渐下降，2012 年第三产业（45.5%）超过了第二产业（45.4%），占据主导地位。2020 年，第一产业增加值占国内生产总值的比重为 7.7%，

---

① 全球能源互联网发展合作组织 . 中国 2030 年能源电力发展规划研究及 2060 年展望［R/OL］.（2021–03–18）［2022–03–28］. https://www.geidco.org.cn/html/qqnyhlw/zt20210120_1/index.html.

较 2019 年（7.1%）增加了 0.6 个百分点，增长趋势明显；第二产业增加值占国内生产总值的比重为 37.8%，较 2019 年（38.6%）下降了 0.8 个百分点，在三个产业中唯一呈下降趋势，且下降幅度较大；第三产业增加值占国内生产总值的比重为 54.5%，比 2019 年（54.3%）提高了 0.2 个百分点，继续保持稳定增长的趋势。预计到 2030 年，第二产业比重将降至 37%，第三产业比重将升至 57%①。第二产业作为碳排放相对集中的领域，在能源消耗中占比最高，其比重的持续下降，特别是低基数制造业比重的降低将有助于减少能源消耗，这是节能降碳的重要途径。

图 4-2 2011—2020 年中国三次产业增加值占国内生产总值的比重

（数据来源：北京汇智绿色资源研究院根据国家统计局数据整理）

---

① 全球能源互联网发展合作组织.中国 2030 年能源电力发展规划研究及 2060 年展望［R/OL］.（2021-03-18）［2022-03-28］. http://www.geidco.org.cn/html/pdfpreview/web/viewer.html?file=source/《中国 2030 年能源电力发展规划研究及 2060 年展望》.pdf

3. 能源结构背景

在能源消费总量和强度"双控"的背景下，我国能源战略逐步由限制供给向限制消费转变。在国家不断推动节能降碳、清洁能源转型的倡议下，控制能源消费总量和增速极其重要。2020 年，我国能源消费总量为 49.8 亿吨标准煤，比 2019 年增长了 2.2%，顺利完成"十三五"规划中制定的"能源消费总量控制在 50 亿吨标准煤以内"的能耗总量控制目标。

从 2011—2020 年的能源消费总量来看（表 4–1、图 4–3），总体呈稳步增长趋势，但是能源消费增速自 2012 年以来长期处于低速增长状态，成功实现了能源消费增量低速状态下经济平稳发展的局面。

表 4–1　2011—2020 年能源消费总量和结构

年份	能源消费总量 / 万吨标准煤	占能源消费总量的比重 / %				增速 / %
		煤炭	石油	天然气	一次电力及其他能源	
2011	387043	70.2	16.8	4.6	8.4	7.2
2012	402138	68.5	17.0	4.8	9.7	3.9
2013	416913	67.4	17.1	5.3	10.2	3.7
2014	428334	65.8	17.3	5.6	11.3	2.7
2015	434113	63.8	18.4	5.8	12.0	1.3
2016	441492	62.2	18.7	6.1	13.0	1.7
2017	455827	60.6	18.9	6.9	13.6	3.2
2018	471925	59.0	18.9	7.6	14.5	3.5
2019	487488	57.7	19.0	8.0	15.3	3.3
2020	498 000	56.8	18.9	8.4	15.9	2.2

数据来源：根据国家统计局资料整理而成。

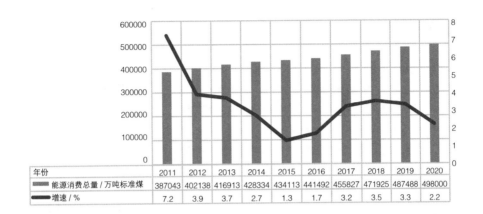

图 4-3 2011—2020 年能源消费总量和增速

（数据来源：根据国家统计局资料整理而成）

从 2011—2020 年的能源消费结构变化（图 4-4）可以看出，煤炭消费比重呈下降趋势，由 2011 年的 70.2% 下降至 2020 年的 56.8%，降低了 13.4 个百分点，但仍占据主导地位；石油和清洁能源（天然气和一次电力及其他能源）的比重总体呈上升趋势，分别由 2011 年的 16.8%、13% 上升到 2020 年的 18.9%、24.3%。根据以上数据，我国能源结构逐步完善，但仍以化石能源为主，尚未实现绿色低碳转型，实现节能降碳目标可谓任重而道远。

值得关注的是，我国对高碳能源煤电的依赖性较大，电力行业的碳排放情况长期位于前列。国际能源署的统计显示，2019 年中国碳排放总量为 113 亿吨，电力行业碳排放量为 42 亿吨，占全国碳排放总量的 37%。实现节能降碳，电力行业是重点领域。

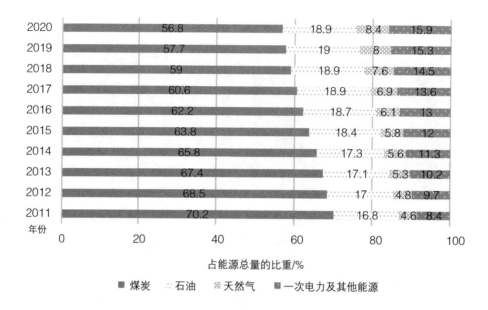

图4-4   2011—2020年能源消费结构

（数据来源：根据国家统计局资料整理而成）

目前，我国经济增长还处于高速增长状态，产业结构中碳排放相对集中的第二产业比重依然较高，这些都将继续扩大我国的能源需求。而长期以来，我国的能源消费以化石能源为主导，这些客观事实都对我国实现节能降碳目标提出了严峻挑战。除此之外，节能降碳长效发展机制的健全、节能产业市场地位的提高及消费者节能降碳理念的系统化普及都还存在一些核心短板。

（三）对碳达峰碳中和战略的重大意义

节能降碳是实现碳达峰碳中和战略目标最有效的途径。在经济高速发展和产业结构尚待完善的现实情形下，碳达峰碳中和战略目标的实现面临时间短、任务重的压力，而节能降碳对能源领域和经济绿色转型具有推动作用，有助于实现中国碳达峰碳中和目标。国际能源署的研究表明，为达到 21 世纪末将温升限制在 2℃以内的要求，2050 年前全球能源相关二氧化碳排放需要减少 40%～70%，节能降碳对主要温室气体（二氧化碳）排放的贡献率高达 37%[①]。我国在 2030 年前实现碳达峰的进程中，节能提效的贡献率可达 70%[②]，这说明节能降碳在实现碳达峰碳中和战略目标中占据关键地位。节能降碳不仅可以有效降低一次能源消费量，促进中国产业结构和能源结构优化升级，也可通过上下游绿色产业链的发展，增添市场多元化色彩，创造更多的市场空间和就业机会，为实现碳达峰目标做出实质性贡献。

节能降碳是能源结构转型的重要方式。要实现碳达峰碳中和战略目标，优化能源结构、谋划能源低碳化发展是关键路径和重要选择。我国目前 88% 的二氧化碳排放量都源于能源燃烧，减少 1 亿吨标准煤的一次性能源消费就能大约降低 2 亿吨的二氧化碳排放，因此对化石能源进行总量控制是实现碳达峰碳中和战略目标的根本保障。节能降碳技术的突破和普及会促进能效的提高和能耗的有效降低。例如 2013—2019 年，随着节能降碳的推进，我国单位国内生产总值能耗在 6 年间下降了 24.6%，

---

① 白泉. 建设"碳中和"的现代化强国 始终要把节能增效放在突出位置［J］. 中国能源，2021，43（1）：7—11，16.

② 北极星大气网. 中国宏观经济研究院：什么是实现"碳达峰、碳中和"最直接、最有效、最经济的手段？［EB/OL］.（2021—08—30）［2022—03—28］. https://huanbao.bjx.com.cn/news/20210826/1172627.shtml.

累计节能量为 12.7 亿吨标准煤，接近京津冀、长三角地区一整年的能源消费量之和。由此可见，节能降碳不仅能够有效满足能源消费上涨的需求，倒逼节能和能源利用技术的创新发展，还能为能源低碳转型创造必要条件，是推进绿色发展、建设生态文明、落实碳达峰碳中和战略目标的必然要求。

节能降碳是发展绿色经济的坚实基础。绿色经济是实现碳达峰碳中和的重要目标之一。节能降碳是实现低能耗、低排放、低污染的新型绿色经济的重要手段，能够有效推动经济的绿色转型，为实现碳达峰碳中和战略目标提供重要的资金支持和经济基础。节能降碳长期在高耗能、高污染的"双高"领域发挥重要作用。自党的十八大以来，通过节能降碳实现的二氧化碳减排量超过 27 亿吨，二氧化硫和氮氧化物的减排量也接近 1000 万吨。随着钢铁、火电等高污染重点领域节能降碳的革新，节能创新技术不断突破，已经成为驱动新一轮产业革命的重要动力，不断促进经济向清洁、绿色低碳化转型。同时，节能降碳也会为绿色经济培育新的利润增长点和产业链，对拉动消费市场、提升国家绿色竞争力、弥补环境消耗和资源不足、实现生态环境改善和经济高质量多元化发展提供有力支撑。推进节能降碳，可以使中国产业格局和市场经济焕发新的活力。建设多元化、可持续的绿色经济发展体系，是中国经济实现绿色转型的重要节点，也是实现碳达峰碳中和战略目标坚实的经济基础。

二、中国节能降碳的方向和路径

（一）总体方向和路径

推动全行业节能降碳、优化能源标准体系是实现碳达峰碳中和战略目标的关键手段。节能降碳通常包括能源、工业制造、建筑、交通领域，其中能源和工业制造领域的二氧化碳排放占总排放的 80% 以上，因此下文仅针对这两个领域进行阐述。

《国家发展改革委　国家能源局关于完善能源绿色低碳转型体制机制和政策措施的意见》[1]强调，在"十四五"时期，基本建立推进能源绿色低碳发展的制度框架，形成比较完善的政策、标准、市场和监管体系，构建以能耗"双控"和非化石能源目标制度为引领的能源绿色低碳转型推进机制；到 2030 年，基本建立完整的能源绿色低碳发展基本制度和政策体系，形成非化石能源既基本满足能源需求增量又规模化替代化石能源存量、能源安全保障能力得到全面增强的能源生产消费格局。

基于《国家发展改革委等部门关于严格能效约束推动重点领域节能降碳的若干意见》（以下简称《节能降碳意见》）[2]，重点工业领域节能降碳和绿色转型路径逐渐清晰，未来节能降碳推进要立足于经济高质量发展的新

---

① 国家发展改革委，国家能源局.国家发展改革委　国家能源局关于完善能源绿色低碳转型体制机制和政策措施的意见：发改能源〔2022〕206 号〔EB/OL〕.（2022-01-30）〔2022-03-28〕. https://www.ndrc.gov.cn/xxgk/zcfb/tz/202202/t20220210_1314511.html?code=&state=123.

② 国家发展改革委.国家发展改革委等部门关于严格能效约束推动重点领域节能降碳的若干意见：发改产业〔2021〕1464 号〔EB/OL〕.（2021-10-18）〔2022-03-11〕. http://www.gov.cn/zhengce/zhengceku/2021-10/22/content_5644224.htm.

阶段，贯彻落实新发展理念，优化布局减排工作，推进节能降碳技术革新，强化重点领域的节能降碳，发挥引领示范作用，进而加快全行业的节能降碳步伐。

在能源领域，我们要立足富煤贫油少气的基本国情，夯实基础，先立后破，保障煤炭供给和国家能源安全，统筹做好煤炭的清洁低碳、多元化利用和综合储运工作，加强绿色低碳技术的研发攻关，不断推动能源产业的升级改造。

在工业重点领域，首先，坚持重点行业突破。由于能源消耗在行业内部分布并不平衡，如钢铁、水泥、冶金等重污染行业的能源消耗强度大、总量高，应重点优先突破此类行业。提供积极的外部保障，创新节能降碳技术革新。重点领域取得节能降碳显著成效之后，再如法炮制、因地制宜，根据各个行业的实际情况分步实施，最终达到整个行业的节能降碳。其次，坚持科学从高定标。在全力推进节能降碳工作后，重点行业能效标杆水平的产能比例在 2025 年要超过 30%；2030 年重点行业能效标杆水平进一步提高，碳排放强度达到国际先进水平。高标杆和高基准水平是节能降碳持续推进的必要前提。对于其他各行业，根据行业实际、发展预期等实际情况，本着就高原则科学设定能效基准水平。最后，坚持技术改造升级。根据碳达峰碳中和战略目标的要求，各地持续推进落实节能降碳技术改造方案，层层递进，层层落实，达到"一企一策"的标准，确保政策的稳妥有效落实。重点示范行业做好带头作用，系统实施节能降碳改造，补齐创新改造短板，不断突破技术难点和"瓶颈"，促进节能降碳技术绿色化、智能化发展。升级改造存量项目，淘汰落后产能，做好产能置换工作。

除此之外，跨行业协同发展是未来节能降碳的一大趋势，如冶金、建材、钢铁、电力等通过协同作用，多产联动减少污染排放，提升行业内部产品附加值和利用效率，再如重点领域行业与农渔相互联产、清洁化的余热余温投入生态养殖等。另外，智能设备和信息化在节能降碳领域内的运用，通过智能化、数据化控制能源消耗，提高能源领域的绿色化，也是未来节能提效的一大重要发展方向。

（二）重点领域和路径

重点领域的节能降碳是我国经济绿色转型发展的重要出路，重点是做好能源领域和工业领域中石油化工和冶金建材两大高耗能行业的节能降碳。

1. 能源领域

重点要统筹做好煤炭等能源的清洁低碳、多元化利用和综合储运工作。按照 2021 年 10 月国务院印发的《2030 年前碳达峰行动方案》，在碳达峰阶段重点要做好以下工作：严格控制新增煤电项目，新建机组煤耗标准达到国际先进水平，有序淘汰煤电落后产能，加快现役机组节能升级和灵活性改造，积极推进供热改造，推动煤电向基础保障性和系统调节性电源并重转型。加快建设新型电力系统，构建新能源占比逐渐提高的新型电力系统，推动清洁电力资源大范围优化配置。大力提升电力系统综合调节能力，加快灵活调节电源建设，引导自备电厂、传统高载能工业负荷、工商业可中断负荷、电动汽车充电网络、虚拟电厂等参与系统调节，建设坚强智能电网，提升电网安全保障水平。积极发展"新能源＋储能"、源网荷储一体化和多能互补，支持分布式新能源合理配置储能系统。

电力行业应更加注重"再电气化"的路径，即朝着清洁化、电气化、数字化、标准化方向发展，加快新能源电力系统建设，不断突破电力技术"瓶颈"，尤其是储能技术。例如，烟台龙源电力技术股份有限公司研发的等离子体点火及稳燃技术，适用于电站锅炉领域的节能技术改造，在未来 3 年推广应用比例达到 45% 的情况下，平均每年可以节约标准煤 60 万吨、减排二氧化碳 166.2 万吨。再如，中国华能集团有限公司牵头研发的华能睿渥 DCS[①] 系统，是我国电力行业自主创新的典型，在国内首次成功应用于 35 万千瓦和百万千瓦火电机组，攻克了技术"瓶颈"问题，打通了上下游产业链，实现了协同发展。

2. 石化行业

石化行业的原料多是煤、石油等高含碳量的化石能源，必然会伴随高污染、高排放。《节能降碳意见》中指出，石化行业中的炼油、乙烯、合成氨、电石行业的产能 30% 以上要在 2025 年达到标杆水平[②]，这意味着石化行业的节能降碳必须加快发展进程。

未来，石化行业要朝着高质量、高水平、高规格方向发展，走升级化、聚集化、绿色化道路。这要求其强化源头降碳、控制进程降碳、优化末端降碳，如通过使用天然气生产醇合成氨，就是从源头降碳；通过装备升级

---

① DCS 是 distributed control system 的简称，译为分散控制系统。

② 《国家发展改革委等部门关于发布〈高耗能行业重点领域能效标杆水平和基准水平（2021 年版）〉的通知》（发改产业〔2021〕1609 号）中规定了标杆水平：炼油 7.5 千克标准油 / 吨·能量因数，乙烯 590 千克标准油 / 吨，合成氨〔优质无烟块煤 1100 千克标准煤 / 吨，非优质无烟块煤、型煤 1200 千克标准煤 / 吨，粉煤（包括无烟粉煤、烟煤）1350 千克标准煤 / 吨，天然气 1000 千克标准煤 / 吨〕，电石 805 千克标准煤 / 吨。

改造、技术创新，生产中采用精馏系统、加氢裂化反应器等绿色低碳技术，就属于控制进程降碳；采用热泵、热夹点、热联合等余热回收技术，就是优化末端降碳。例如，肥城金塔酒精化工设备有限公司研发的三效酒精回收系统项目可以通过热能多次利用，节约蒸汽消耗，在未来 3 年市场推广率达到 60% 的情况下，平均每年可以节约标准煤 305 万吨、减排二氧化碳 844.85 万吨。再如，安徽科达洁能股份有限公司研发的模块化梯级回热式清洁燃煤气化技术，预计在未来 3 年市场推广率达到 30% 的比例下，平均每年可以节约标准煤 260 万吨、减排二氧化碳 720.2 万吨。

当然，产业协同聚集化发展也是石化行业未来的一大趋势。例如，炼化一体化、煤化电热一体化和多联产的互联互通产业链不断提高了化工园区的规模效应和发展水平。再如，广东省惠州市打造的世界级绿色石化产业基地，随着中海壳牌南海石化项目、清洁能源项目、埃克森美孚惠州化工综合体等石化新材料创新项目的聚集，大亚湾石化炼化一体化规模逐渐处于领先地位，惠州石化产业的集群效应显著，实现了生产、销售、研发的一体化产业布局，地位日趋凸显。

3. 冶金建材业

冶金行业包括黑色冶金和有色冶金，其中黑色冶金包括生铁、钢和铁合金（如铬铁、锰铁等），有色冶金主要是指非黑色金属冶炼加工；建材行业主要涉及建筑、军工、环保、高新技术产业和人民生活等领域，包括木材、钢材、水泥、玻璃、塑料等产品种类。据国家统计局的统计，能源消费总量前六名的行业中有三个都属于冶金建材业。为贯彻落实碳达峰碳中和战略目标，推动冶金建材业节能降碳刻不容缓。《节能降碳意见》指出，

钢铁、电解铝、水泥、平板玻璃行业的能效达到标杆水平的产能比例到
2025 年要超过 30%[①]，要实现能效水平显著提升，冶金建材业必将朝着低碳
化、绿色化方面发展。

　　未来，冶金建材业的发展方向在于综合能效水平的提升、产业集聚化
模块化的发展。综合能效的提升更多依赖于技术创新和工艺改造，大宗废
物垃圾通过技术创新实现循环发展，二次资源利用助力节能降碳，冶金建
材业中低碳技术的研发和应用也是低碳发展的重中之重，如"以氢代煤"
冶炼技术、化学合成原料技术和节能提效技术等。在钢铁节能降效技术的
典型案例中，湖南中冶长天重工科技有限公司提供的转臂式液密封环冷机，
在未来 3 年推广应用比率达到 60% 的背景下，平均每年可以节约 81.8 万吨
标准煤、有效减排二氧化碳 226.59 万吨。在有色冶金行业节能提效技术的
典型案例中，东北大学设计研究院研发的 600 千安级超大容量铝电解槽技
术，在未来 3 年推广应用比例达到 15% 的条件下，平均每年可以节约 44.58
万吨标准煤、减排二氧化碳 123.49 万吨。在建材行业节能提效技术的典型
案例中，建筑陶瓷新型多层干燥器与宽体辊道窑成套节能技术装备，在未
来 3 年推广应用比例达到 11.9% 的情况下，平均每年可以节约标准煤 11.51
万吨、减排二氧化碳 31.88 万吨。

　　产业集聚化、模块化的发展主要是与互联网、金融、科技、城市园区
等进行融合，加快产业内部的战略重组，延长以冶金建材业为主的上下游

---

① 标准水平：钢铁（高炉工序 361 千克标准煤 / 吨，转炉工序 30 千克标准煤 / 吨），电解铝 13000 千瓦
　时 / 吨，水泥熟料 100 千克标准煤 / 吨，平板玻璃（≥ 500 吨 / 天且 ≤ 800 吨 / 天：9.5 千克标准煤 / 重
　量箱，>800 吨 / 天：8 千克标准煤 / 重量箱）。

循环经济产业链，发展绿色循环经济园区。向上延伸，即朝向投融资行业，拉动金融资金投入冶金建材项目建设；向下延伸，即靠拢项目运营方，深挖多领域合作，促进资金回笼。此外，再形成冶金建材＋互联网模式，增强冶金建材业管理模式、技术应用的数据化、智能化，推动整个行业的大型化、绿色化、节能化、智能化发展。例如，磐石市冶金化工绿色制造园区的产业规划以冶金（有色金属）行业为核心，突出新能源优势，形成品质化、高端化、规模化的产业园区，预计到 2027 年，园区年产值规模将超过 170 亿元。再如，位居国内前列的水泥集团——金隅冀东水泥，通过数字化、智能化发展，与互联网 SAP①公司联合，开发了水泥行业的 SAP 一体化管控运营系统，与电商互联网平台实现集成，建成了一流的运营管控体系。

三、对实现节能降碳目标的建议

（一）健全节能降碳长效机制

我们可以把《全国人大常委会关于积极应对气候变化的决议》②作为一个标志，从"十一五"期间开始到"十三五""十四五"期间，国家节能降碳政策在不断建立和更新完善之中，并且产生了显著的导向作用。目前，我

---

① SAP 是 Systems Applications and Products in data processing 的简称，是全球企业管理软件与解决方案的技术领袖，同时也是市场领导者。
② 全国人大常委会关于积极应对气候变化的决议［N］.人民日报，2009-08-28（005）.

国正处于能源低碳转型的爬坡期,应绕过高能耗向低能耗转变的过渡期,直接以现有经济发展水平向低能耗、绿色化发展转变,从而缩短节能降碳的时间。要健全节能降碳政策和长效机制,这是至关重要的。建议从以下三个方面着力:

第一,要进一步健全节能降碳的法律法规、标准规则和监管体系。修改完善有关法律法规,统筹制定节能降碳规划,健全重点领域节能降碳的能效标准体系,完善碳排放的可测量、可报告和可核查的"三可"体系。

第二,要不断完善经济政策和市场机制。重视经济政策的指导作用,落实绿色电价、节能监察、环保执法等政策。完善节能降碳的市场机制,推行差异化市场定价,落实价格、财税、金融政策支持,推动合同能源管理和需求侧管理,不断完善碳排放权、用能权和排污交易制度。

第三,要逐步健全节能降碳长效机制。基于前面两点,落实《"十四五"规划纲要》中的节能降碳目标,制定长期发展规划,完善能源约束机制,加强碳市场建设,健全节能降碳长效机制,将节能降碳与能源变革相融合,从而充分发挥节能降碳在落实碳达峰碳中和战略中的重大作用。

(二)优化调整能源和产业结构

2021年政府工作报告提出,"十四五"期间要继续降低单位国内生产总值能耗,继续减少二氧化碳排放,分别降至13.5%和18%[①]。在节能降碳实

---

① 每日经济新闻. 政府工作报告:"十四五"二氧化碳排放降低18%,今年设立碳减排支持工具[EB/OL].(2021-03-07)[2022-03-26]. https://baijiahao.baidu.com/s?id=1693375326780900758&wfr=spider&for=pc.

施过程中，必然要调整产业结构和优化能源结构。只有将产业结构和能源结构向节能降碳的方向转变，将结构性降碳与技术性降碳相结合，才能有效控制能源消耗和提高能源利用效率。此外，还要重视节能产业的健康发展。节能产业是我国实现节能提效、促进绿色低碳循环经济发展的重要力量。在"十三五"期间，节能产业呈现出蓬勃发展的好景象。节能产业的产值在 2020 年达到了 5900 多亿元，比 2019 年增长了约 13%，为就业市场创造了大量的就业机会，尤其是合同能源管理新机制的完善，推动了节能行业的市场化转型，有效促进了节能降碳目标的实现[①]。为落实节能降碳目标，要从优化能源结构、优化产业结构、发展节能产业等方面发力。

第一，不断优化能源结构。一是坚持化石能源总量的控制。落实碳达峰行动方案，推动能源革命，确保能源供应，立足资源禀赋，坚持先立后破、通盘谋划，推进能源低碳转型。逐步消减煤炭及其他化石能源的消耗总量，将能源结构由高碳化向低碳化、绿色化转变，不断提高煤炭使用效率。二是开展清洁能源的替代。加强天然气、风能、核能、生物质能等的开发利用，逐步替代煤炭等化石能源；推动以电、氢代油，完善多元化能源供应体系，建立智慧脱碳的清洁能源体系；不断提高可再生能源和清洁能源在能源结构中的比重，持续推动能源结构向清洁化转变。三是进行能源技术革命。加大技术投资，创新能源技术。不断提升化石能源利用技术和能源清洁高效利用水平；构建能源基础研究和实践创新融合的体系，运用大数据和智能化、网络化技术实现能源产业的优化升级。

---

① 陈向国，刘京佳. 节能提效"碳达峰、碳中和"最直接、最有效、最经济的手段［J］. 节能与环保，2021（4）：10-11.

第二，不断优化产业结构。一是推进产业链现代化。建设国内大循环为主体的产业链，形成国内国际相互促进的"双循环"新发展格局。积极参与国际分工，以全球性眼光开展产业结构调整。二是加强产业布局绿色化。统筹规划产业布局，强调产业布局绿色化，调整重塑产业地位，促进第三产业发展，关注第二产业优化升级，拓宽产业链长度和宽度，向高新技术创新发展产业倾斜。加快高耗能产业的淘汰转型，创造有竞争力的规模经济和分工格局，推动产业向现代化、智能化、绿色化发展。三是探索产业模式创新化。依靠节能降碳技术创新，优化产业结构中的重污染行业，焕发重工业新型活力。增加新的产业模式和发展方式，拉动资金投入技术创新，出台鼓励技术创新的政策，引进科技创新人才，助推产业内部形成科技化、创新化的良好制度环境和文化氛围。

第三，促进节能产业发展。一是解决好节能市场活力的问题。提高节能降碳相关产业的发展活力，激发节能产业的内生动力，扶持上下游产业的发展，为节能产业创造更多的市场机会。二是解决好节能产业的融资问题。要解决融资难、融资贵的问题，就要提高政策性财政税收补贴的力度，提供普惠性金融支持，引导资金流入节能市场。三是解决好产品开发的问题。不断推动节能产品开发和推广的力度，提供符合市场需求的多元化节能产品，促进节能升级和能效提升，保证节能产品的市场供给，拉动节能消费市场的升级。四是促进节能产业的更新升级。提高产业供给质量，加强节能技术与5G、大数据、智能化的融合力度，完善节能降碳技术的系统化创新，提高节能产业的数字化和智能化水平；加大资金投入力度，引入和培养高科技技术人才，同时提高服务创新意识和水平。

（三）营造节能降碳良好氛围

节能降碳、绿色创新的良好氛围是实现碳达峰碳中和战略目标的基础。这不仅需要依靠政府和企业的不懈努力，更需要每个人的积极参与。因此，要加强节能降碳知识的宣传推广，强化节能降碳和"双碳"战略的意识，促进节能降碳理念深入人心，从而营造节能降碳的良好氛围。

第一，要树立节能降碳的理念。我们要贯彻落实"双碳"战略和新发展理念，树立长期节能增效的观念；把节能提效放在落实碳达峰碳中和战略目标的优先位置，强化政策解读和舆论引导，进而指导产业内部的发展方向和生产方式，深挖节能降碳的市场空间；采用多种形式宣传节能降碳知识，推广低碳节能意识，吸引消费者主动了解节能低碳产品，增强节能产业市场的决定性地位，推动节能产业的健康持续发展。

第二，要营造节能降碳的良好氛围。加强节能降碳、"双碳"战略的宣传力度，丰富相关知识宣传形式，构成政府、企业、媒体"三力合一"的宣传体系；倡导绿色节能低碳消费，形成节能降碳消费意识，加强不同年龄段人群的节能降碳知识培训，形成社会节能共识；开展节能低碳产品的推广使用，遴选节能降碳优秀示范企业并进行宣传，重视节能降碳实践教育，培养和树立人们节能降碳的自主意识，动员公众积极参与节能降碳活动。

第三，要营造节能创新的行业氛围。要加快节能技术创新，研发颠覆性新工艺；推动节能领域的技术和理论双创新，突破节能降碳技术的"瓶颈"，实现节能降碳相关领域的协同合作，尤其是对碳捕集、利用与封存和氢能冶金等低碳技术的研发应用；坚持以创新为核心，助力节能减排在工业、建筑业、交通运输业等领域的深度开展，将节能降碳与碳市场建立紧密联系，通过碳市场交易机制倒逼各领域节能降碳，推动我国经济高质量绿色健康发展。

四、本章小结

本章在介绍我国节能降碳概况、分析节能降碳现状的基础上，分析了当前面临的挑战，明确了节能降碳对实现我国碳达峰碳中和战略目标的重要意义，提出我国节能降碳的总体方向和路径、重点领域的方向与路径，分析了节能提效案例，提出了有关节能降碳的对策建议，对于推进各行业节能降碳工作、贯彻落实碳达峰碳中和战略目标等具有重要的理论指导意义和实践价值。

⊃ 第五章　可再生能源

　　要如期实现碳达峰碳中和，必须进行能源革命，而可再生能源则是核心支柱。我国到 2025 年，非化石能源消费比重要达到 20% 左右；到 2030 年，非化石能源消费比重要达到 25% 左右，风电、太阳能发电总装机容量要达到 12 亿千瓦以上；到 2060 年，非化石能源消费比重将达到 80%。为了贯彻落实碳达峰碳中和战略目标，本章将深入研究我国实现碳达峰碳中和的可再生能源路径，在介绍相关基础知识和分析我国可再生能源现状、面临挑战的基础上，明确可再生能源对我国碳达峰碳中和的重要意义，并提出我国可再生能源发展的方向和路径。

一、可再生能源概况

（一）基础知识

　　可再生能源：指风能、水能、太阳能、生物质能、氢能等非化石能源，是自然界中可循环再生、对环境危害小的能源，是兼顾经济发展和生态保

护的能源主力 ①。可再生能源既不向环境中排放污染物，也不新增温室气体排放，是天然的绿色能源。其最大的特点就是分布式，分布式能源将是世界能源发展的趋势。中国要顺应世界潮流，跟上世界形势，与世界接轨。

风能： 由于空气流动做功形成的动能，是一种储量丰富、分布广泛、清洁干净的可再生能源，可作用于风帆助航、风力提水、风力发电和风力制热等。目前，风力发电是我国风能的主要利用方式，开发潜力巨大。伴随更加成熟的风力发电技术、陆上风电和海上风电的规模化发展，风电成本将逐渐降低，这将有利于风电产业的平价化发展。

水能： 指由水体的动能、势能、压力能等组成的能源。广义来讲，水能包括潮汐水能、海洋热能和河流水能等。水能主要用于水力发电领域。水电作为发电规模和技术领先的可再生能源，在能源革命过程中长期占据首要地位，在应对气候变化、实现碳达峰碳中和战略目标的过程中发挥着重要的作用。

太阳能： 由太阳内部源源不绝的核聚变反应产生的辐射能量，主要被用于光热转换和光电转换。常见的光伏发电就是太阳能目前的主要利用方式。太阳能是一种具有普遍性、无害性且用之不竭的可再生能源，其清洁性和经济性符合可持续发展目标，在未来可再生能源革命中具有重要作用。

生物质能： 指由整个自然界中有生命的植物所提供的能量，是地球上最广泛、最基础的能源，具有绿色、低碳、清洁、可再生的特质，主要被用于生物质发电、生物质成型燃料、生物质燃气、生物液体燃料等领域。

---

① 新华社. 可再生能源将成为我国乡村取暖的重要方式之一 ［EB/OL］.（2021-02-09）［2022-03-28］. http://www.xinhuanet.com/2021-02/09/c_1127084503.htm.

生物质能专业化、多元化的发展是我国可再生能源发展不可或缺的组成部分。

氢能：除以上能源外，建立可再生能源体系或新能源体系不可或缺的另一种能源就是氢能。氢来自于水，又回归于水，能够进一步开发可再生能源，是实现能源革命的第三大支柱 [①]。高度重视氢能的发展，达成氢能循环经济，对于实现再生循环可持续发展和碳达峰碳中和战略目标具有深刻意义。

（二）现状和挑战

徐锭明在一次能源论坛的演讲中表示：中国的可再生能源经历了一个从无到有、从小到大、从弱到强、从国内到国外的历史性飞跃。当前，中国的可再生能源已进入新的阶段，其发展取得了巨大的成就。国内外权威机构发布的数据显示，在全球能源市场中，中国的很多项目位居榜首：中国是全球最大的可再生能源生产和消费国，是全球最大的可再生能源投资国；中国的水电、风电、太阳能光伏发电装机规模居世界第一；中国是全球最大的新能源汽车生产国和消费国；中国的核电在建规模居世界第一。而这些"世界第一"也勾勒了中国能源生产的绿色图景。

目前，我国可再生能源依然处于高速发展阶段，具有巨大的发展潜力。从 2016—2020 年的数据（图 5-1）来看，可再生能源发电累计装机容量呈

---

① 实现能源革命有五大支柱：一是向可再生能源转型，全面实现可再生能源发电；二是把建筑转化为微型发电厂，即分布式可再生能源；三是用氢气、电池等技术来存储间歇式能源；四是发展能源互联网技术；五是在新能源基础上的交通工具运用。

稳步增长趋势。截至 2020 年年底，我国可再生能源发电累计装机容量达 9.3 亿千瓦，比 2019 年的装机容量增加了 17%，占能源总装机的 42.4%，依靠可再生能源的发电量达到 2.2 万亿千瓦时，占全社会用电量的 29.5%^①。根据国家能源局最新数据，2021 年我国可再生能源发展瞄准碳达峰碳中和战略目标，继续推进风电、光伏基础建设，保持可再生能源的平稳增长。2021 年 9 月底，全国可再生能源发电累计装机容量约为 10 亿千瓦，可再生能源发电量也保持稳定增长的趋势，我国可再生能源发电量在前三季度达 1.75 万亿千瓦时。

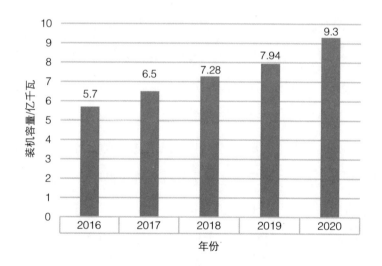

图 5-1   2016—2020 年可再生能源发电累计装机容量

（资料来源：北京汇智绿色资源研究院根据国家能源局数据整理）

---

① 人民网. 清洁低碳，能源结构这样转型（权威发布）[EB/OL]. (2021-03-31) [2022-03-28]. http://finance.people.com.cn/n1/2021/0331/c1004-32065515.html.

我国可再生能源细分行业中，各类可再生能源累计装机规模在 2016 —
2020 年（图 5-2）均有明显增加。由图 5-2 可知，水电长期稳居可再生能
源发展的主导地位，累计装机规模远远高于其他三类，5 年来一直保持稳
定增长的势头。截至 2021 年 9 月底，国家能源局的数据显示，水电装机容
量攀升至 3.83 亿千瓦，预计未来将保持持续增长的势头。风电在我国可再
生能源发电中的地位和规模仅次于水电，截至 2021 年 9 月底，风电装机规
模高达 2.97 亿千瓦，已逐步接近 3 亿千瓦，装机的增速一直处于稳定增长
状态，其中 2020 年的增速高达 33.81%，相较于前三年 10% 左右的增速有
明显提高。光伏发电从 2016 年开始，在装机规模上不断缩小与风电的距
离，截至 2021 年 9 月底，装机规模已经达到 2.78 亿千瓦。由图 5-3 可知，

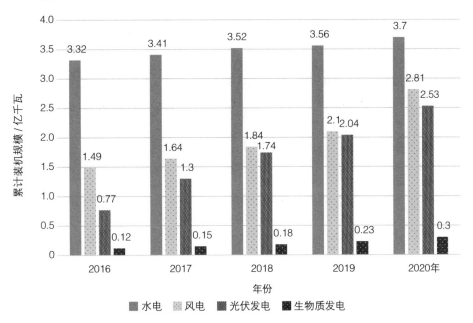

图 5-2　2016—2020 年各类可再生能源累计装机规模

（资料来源：北京汇智绿色资源研究院根据国家能源局数据整理）

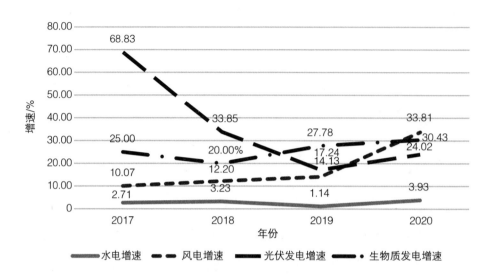

图 5-3　2017—2020 年各类可再生能源累计装机规模增速

（资料来源：北京汇智绿色资源研究院根据国家能源局数据整理）

2017—2020 年，由于光伏行业渐入转型期，发电装机增速波动明显，但从 2020 年开始，其增长趋势已逐渐趋于平稳。生物质发电装机规模在 2016—2020 年保持稳定增长，在 2020 年年底以 30.43% 的增速位居前列。截至 2021 年第三季度，生物质发电累计装机规模已经高达 3536.1 万千瓦，生物质发电量达到 1206 亿千瓦时。

由此可见，可再生能源发展长期处于平稳增长的阶段，水电和风电结构性占比稳居可再生能源发电的前列，光伏发电和生物质发电依然有很大的发展潜力。有效开发利用生物质发电是未来解决能源短缺和能源安全问题的一把利刃。同时，可再生能源的惠民利民成果也硕果累累。在推进无电力地区的电力网扩张的同时，我国积极实施了可再生能源的独立电力供应项目，让数百万的无电力人口使用绿色电力，解决了无电力人口的电力缺乏问题，为我国脱贫攻坚战贡献了绿色力量。

在碳达峰碳中和战略背景下，我国可再生能源发展进入了一个新的阶段，但在迅速发展的过程中还面临着意识薄弱、市场竞争力不足、局部地区政策落实不到位等重大挑战。目前，整个资本市场尚未形成以可再生能源为主导能源的社会共识，消费者对于可再生能源的消费意识不足，局部地区在灵活运用扶持优惠政策和解决可再生能源发展阻碍时略显乏力，核心技术遇到"瓶颈"、价格体制尚未系统化，以及配置错位等可再生能源消纳问题都会降低可再生能源的市场竞争力。同时，可再生能源的大规模应用对我国电网的物联网化和智能化水平提出了挑战，也给能源工作者提出了挑战——如何走向智能化、智慧化。

（三）对碳达峰碳中和战略目标的重大意义

可再生能源革命是碳达峰碳中和的必由之路。一方面，面对不到 10 年内实现碳达峰、不到 40 年内实现碳中和的紧迫任务，可再生能源发挥着不可替代的能源保障作用。我国开展可再生能源革命具有先天优势。我国拥有丰富的资源量，在开发规模已然位列全球首位的基础上，已开发的风能、太阳能资源量均不到技术开发量的 1/10（不考虑由于自然条件不便开发的资源），并且我国的水能、生物质能、潮汐能等资源量尤其丰富[1]。另一方面，可再生能源对我国碳减排作用巨大。在 2020 年，我国可再生能源发挥

---

[1] 人民网. 杜祥琬：能源转型 推动高质量发展 [EB/OL].（2020–07–17）[2022–03–28]. http://energy.people.com.cn/n1/2020/0717/c71661-31787589.html.

了重大的减污降碳功能，开发利用规模高达 6.8 亿吨标准煤（相当于开发了 10 亿吨煤炭），为我国减排了 17.9 亿吨二氧化碳、86.4 万吨二氧化硫、79.8 万吨氮氧化物，体现了可再生能源在能源革命和污染减排中的可视化程度。

可再生能源革命是能源低碳转型的重要一环，能源低碳转型是我国能源安全保障的必然方向。布局谋划好能源低碳转型的路径，将为碳达峰碳中和战略目标的实现创造重要的先决条件。在碳中和目标下，我国非化石能源在能源总体中的占比要在 2060 年前达到 80%，相较于现在的 16%，要增加 64 个百分点①。由此可见，可再生能源在碳中和目标下有巨大的发展空间和开发潜力，是化石能源的主要清洁型替代品，是降低二氧化碳的能源主力，在能源革命中发挥着首要作用。所以，大力开发利用可再生能源资源，实现可再生能源资源在"十四五"时期成为一次能源消费增量的主体，建立以可再生能源为主导的新型电力系统，实现能源零碳开发和使用，对于推进我国能源转型与能源革命具有实际意义。

可再生能源革命是经济高质量发展的关键利器。要推动经济高质量发展，就必须构建绿色低碳循环发展的经济体系，同时认可能源转型中可再生能源的主导作用。一方面，经济的增长必然带来能源需求的增加，巨大的人口压力和经济增长与资源稀缺性的矛盾也要求我国发展潜能巨大的可再生能源。如果可再生能源能稳定开采、高效利用，必将为我国经济增长提供新型驱动力，如绿色电力、绿色氢气和低碳供暖供冷等，以及更经济、更便捷的经济发展途径。另一方面，可再生能源产业的大规模发展也可以

① 新华网. 赵长颖: 碳中和愿景下的能源转型 [EB/OL]. (2021–10–08) [2022–03–28]. http://www.news. cn/science/2021-10/08/c_1310231889.htm.

创造和稳定更多的就业机会，转变经济增长方式，对我国实现经济长远发展贡献力量。积极推进可再生能源革命已经成为全球寻找新的产业发展契机、培育新型利润增长点和扩大能源产业链的重要战略。在国家大力推进"双循环"的新发展格局背景下，大力发展可再生能源是我国经济高质量发展的关键利器。

二、可再生能源发展的方向和路径

（一）战略发展方向和路径

在我国碳达峰碳中和战略目标下，可再生能源是我国能源体系供应中的重要组成部分，将会以爆发式增长逐渐成为我国能源体系中的主力，以此拉动整个产业链的跨越式发展，促进能源朝着绿色化、智能化、数字化的结构转型，经济向着绿色低碳循环化格局发展。《"十四五"规划纲要》对未来加快可再生能源发展做出了明确要求。国家能源局新能源和可再生能源司负责人提出，"十四五"期间可再生能源要朝着大规模、高比例、市场化、高质量方向发展 [①]。

第一，可再生能源要继续保持大规模发展。我国可再生能源丰富，发展速度较快，"十四五"和"十五五"期间，可再生能源发电装机容量要继续增加。未来 10 年里，仅风能、太阳能的计划发电装机容量增加量就能达

---

① 光明网. 国家能源局："十四五"可再生能源发展将进入一个新阶段［EB/OL］.（2021-03-30）［2022-03-28］. https://m.gmw.cn/baijia/2021-03/30/1302198543.html.

到美国目前所有的发电装机总量。截至"十四五"规划期结束，我国可再生能源发电设备容量要达到我国电力综合设备容量的一半及以上。但是现今不考虑由于自然条件不便开发的资源，我国已开发的风能、太阳能资源量均不到技术开发量的 1/10。

第二，可再生能源要不断提高在能源结构中的比重。能源低碳化转型主要依赖的就是可再生能源，高比例的可再生能源发电要持续推进，争取从以前的能源电力消费的增量补充地位转化为主体地位。在"十四五"规划期结束之前，争取实现我国一次能源消耗增量中的一半以上都是可再生能源，可再生能源发电规模在整个社会供电系统增量中达到 2/3。

第三，可再生能源要市场化发展。可再生能源在我国高额补贴政策扶持下面临着补贴资金缺口逐渐增大的问题，因此促进可再生能源的市场化消纳，实现市场在可再生能源产业中的决定性作用尤其重要。推进风电、光伏发电平价上网，助推可再生能源脱离财政扶持是可再生能源未来发展的重要方向之一。

第四，可再生能源要实现高质量发展。经过多年的发展，我国的可再生能源开发规模已经稳居世界第一；同时，中国也是世界上最大的可再生能源供给国和消费国。在数量规模达到一定程度后，可再生能源发展就应该向提质增效的高质量发展方向转变，实现可再生能源的大规模开发和高质量应用的同时跃升。

除此之外，可再生能源革命要从城市推进，实现多元化发展，加强风能、水能、光伏、生物质等可再生能源的多能互补结合，加强与传统能源的包容式发展，探索开发氢能等更多具备潜力的新型可再生能源。可再生能源革命应朝着分布式、智能化发展，不断加强关键技术突破和重大示范工程布局。

（二）分领域发展方向和路径

1. 水电

我国水电储能资源位居世界第一。在我国不断推进"西气东输"的战略布局下，水电技术逐渐成熟，在应对气候变化和实现碳达峰碳中和战略目标的过程中发挥着重要作用，但目前我国开发的水能尚不足总量的1/2。在未来发展可再生能源的方向上，水电在"十四五"期间将依然作为主力能源。所以，大规模科学开发水能，精准提高水能、氢能的开发利用程度是水电发展的必然途径。

未来水电的发展方向有三。一是水电站、抽水蓄能电站的科学有序建设，探索完善"三江"水电基地等大中型水电站。例如，在建装机容量世界最大的抽水蓄能电站——河北丰宁抽水蓄能电站的建设充分体现了碳达峰碳中和战略目标的要求，作为北京冬奥会的绿色能源重点工程，其将对北京冬奥会以后未来京津冀地区的电网安全担负着重要责任。二是大力探索水能与风能、光伏、生物质等其他能源的互补结合。不断开发可再生能源互补新产品，加强与其他产业链之间的联系。例如，通过水库建设与农林牧渔行业相结合，使水利工程达到最优化，像金沙江上游、金沙江下游、雅砻江流域、大渡河中上游四个风光水一体化可再生能源开发基地，不仅能加强各类可再生能源的合理利用，而且能更经济、便捷地服务于其他产业。三是提升水电机组的研发水平。开展水能发电技术的创新，推进"智慧水电"系统的运行，也是未来水能可以永续发展的核心手段。例如，"西电东送"骨干电源工程——乌东德水电站的团队成员经过刻苦钻研、攻关探索，研制了高拱坝"全坝基无盖重固结灌浆"成套技术，为乌东德水电站创建无缝大坝提供了技术支撑。

2. 风电

我国风电资源丰富，且由于地理位置比较优越（位于西伯利亚以南、太平洋以西），陆上风能和海上风能占据天然优势。长期以来，风能在我国可再生能源结构中仅次于水电，长期处于稳定增长的趋势，为我国能源革命贡献着不可或缺的力量。风电产业发展的目标就是实现国家的"强、美、安"。2021 年以后，风电行业进入"加速提质"新阶段，也就是在保证风能开发规模的基础上，朝着数字化、智能化方向发展，更注重高质量发展和市场化发展。

风电技术的持续深化创新是未来风电的必由之路。提升风电行业的智能化水平，充分研发大容量风电系统，是风电产业发展的核心要求。海上风电作为风电行业发展的重中之重，其技术创新也是未来发展的重要方向。例如，漂浮式海上风电技术被誉为"未来深远海风电开发的主要技术"，长期以来一直未有突破性进展，直到 2021 年，我国依靠国内自主创新核心技术终于研发出全球首台"三峡引领号"，并在广东省阳江海上风电场成功并网发电。这体现了我国世界领先的海上风电自主研发技术，对我国未来海上风电的技术探索起到引领示范作用。

与此同时，风电也要深入市场化发展。以满足市场需求为目的，推进行业上下游产业链的联合创新发展，不断优化风电行业的产业布局，促进风电平价化平稳运行，推进风电朝着规模化、定制化、大型化和商业化方向发展。值得一提的是，江苏省盐城市大丰区海上风电产业以当地坚实的产业基础，坚持领先企业和开发企业战略联合，有效创造了合理竞争的营商环境，促进了全产业链的风电平价。再如，浙江运达风电股份有限公司推出的陆上平价机组 WD195-7500，扩大了平台功率覆盖范围，也将促进陆上风电产品的平价化。

3. 光伏发电

我国光伏发电起步较晚，历经数十年发展，发展趋势不断平稳。作为当今的朝阳产业，我国的光伏产业经历过巅峰，也跌落过谷底，起起伏伏间，历经多年政策扶持和市场考验，已经稳居世界光伏产业的首位。近年来，我国光伏发电装机容量增长幅度稳步提升，发展速度极快。按照现在的趋势，"十四五"期间光伏发电极有可能超过风电，坐上可再生能源的"第二把交椅"。随着技术不断革新，未来光伏产业将实现高质量跃升。

未来，通过推动技术发展和市场需求，进而不断降低光伏产品成本和发电成本，促进光伏发电平稳发展是大力发展光伏产业的必要条件。例如，以单晶硅为主的领先企业隆基绿能科技股份有限公司，2012 年开始研究金刚线切割技术，通过自主技术创新，全面推行金刚线切割工艺的产业化应用，使切片环节成本快速下降，为光伏发电产业每年降低了几百亿的成本。

光伏产业结构也要持续优化升级，延长拓宽产业链发展，与不同行业（水光、农光、渔光）相融，实现与制氢行业的有效结合，这也是光伏产业未来发展的新风向。例如，河北张北草原上的风光互补发电项目、黄河上游原中国电力投资集团公司的龙羊峡水光互补光伏电站工程，都因地制宜

地实现了可再生能源的优势互补；山东省枣庄市峄城区石膏矿塌陷区建立
的 15 万千瓦的"渔光互补"光伏发电项目，将塌陷区变为鱼塘进行鱼虾养
殖，水面架上光伏板发电，这不仅增加了当地的综合收益，也引领了"光
伏 +"产业链的联合发展。

4. 生物质发电

与风能、光伏等其他可再生能源相比，生物质更加稳定，更易于存储。
随着生物质发电技术的提高，生物质将是我国未来可再生能源发展的一个
重点，发展前景良好。随着我国对生物质能重视程度的提高，扶持政策更
加明确，生物质发电进入发展新阶段。如今，我国生物质发电成本比其他
可再生能源发电成本高，市场竞争力不足。未来，我国的生物质能源要开
启规模化、商业化发展模式，不断创新生物质发电技术，实现生物质发电
行业的多元化发展，并增加生物质能在供热、沼气、生物天然气方面的贡
献。稳步提升开发利用效率，是我国生物质能发展的重要途径。

"十四五"时期，生物质能要深入乡镇农村，以农村用能绿色化、清洁
化为基础，大力推进农村生物质能的开发和便捷化利用，促进零碳化村镇
和生态农业的建设。例如，作为国家能源局"百个城镇"生物质热电联产
县域清洁供热示范项目之一的辽宁省本溪鑫暾生物质热电联产项目，主要
以回收秸秆和利用林业废弃物为主，变废为肥，通过生物质加工技术将其
做成含钾有机肥重新回到农田；同时，生物质产能也可以满足项目所在县
的供暖需要。

5. 氢能

除了水能、风能、光伏、生物质能这些可再生能源，氢能作为宇宙中

存在最广泛的二次能源，在未来的能源战略中发挥着重要作用。当前要发展绿色能源，首要的是对氢能源的开发利用，可再生能源支持绿氢，绿氢支撑可再生能源消纳，协同加互助，同体共生繁荣，使碳达峰碳中和效益倍增。开发氢能循环经济，创新氢能技术，也是未来可持续发展的重中之重。目前，氢能产业发展已经逐步走向正轨。例如，广东省云浮氢能小镇的建设取得了新突破，东风汽车集团有限公司在广东省佛山市 100 辆氢能乘用车的示范项目也引起人们的极大关注。云浮小镇旨在建立以氢能产业为主导的"中国氢谷"，以科技创新为基础推动氢能全产业链的稳步发展，实现氢能发展和先进信息技术的完美融合，使我国氢能创新实力领先全球。"十四五"期间，我国将实施氢能产业孵化与加速计划，这属于"谋划布局一批未来产业"中的一项产业。截至 2021 年年底，全国已有 16 个省（区、市）制定了氢能发展规划，如北京、山东、河北、天津、四川、浙江和宁夏等，均明确了氢能产业的发展目标。

三、对实现可再生能源发展的建议

（一）加强可再生能源宣传推广

从长远来看，全社会达成大力支持和广泛使用可再生能源的共识对能源革命和碳达峰碳中和战略目标的实现尤为重要。社会公众是能源运作的供给者和消费者，是发展可再生能源的主要参与者。为了促进可再生能源的稳定、健康发展，就应该加强可再生能源理念和常识的普及，不断提升公众的可再生能源知识素养，使公众对可再生能源消费形成理性认知。

一方面，在教育渗透层面，有关主管部门要大力发展可再生能源的教育培训，在各个阶段的课程中设计便于理解的可再生能源相关概念，突出可再生能源发展的重要性，以此普及能源发展的基本方针和全球气候问题。在高等教育中，更要积极培养可再生能源技术和管理人才，为我国可再生能源技术创新和产业发展输送专业人员。在可再生能源行业中，要不断深化员工的专业知识培训，使产业内部的可再生能源发展跟上时代发展的步伐。

另一方面，在社会公众层面，各级政府包括基层组织要委派专业人员开展可再生能源宣传推广，对公众进行可再生能源知识普及和政策宣讲，使公众了解可再生能源的重要性和相关基础知识，提高公众参与可再生能源革命的积极性。推动公众及时、便捷地了解可再生能源发展的最新动态，形成全民理解、全民参与可再生能源革命的良好氛围，这对推进我国可再生能源的持续发展进程尤为重要。

（二）健全可再生能源政策保障体系

可再生能源尚处于成长期，发展过程中难免存在各种新问题、新阻碍。作为指导可再生能源发展的指导方针，建议国家积极营造良好的政策氛围，在资金补助和方向指引方面提供持续有力的扶持，不断推动可再生能源早日成为经济发展的核心能源。

首先，在战略部署方面，政府要以构建清洁低碳安全高效的能源体系为目标，不断提高可再生能源在能源结构中的比重。逐级完善可再生能源发展规划，监督政策落实情况；重点加强可再生能源在财税、金融等方面的政策扶持，健全可再生能源激励机制，如可再生能源电价补贴、税收优惠、减息贷款等；不断引导财政和社会资金向可再生能源产业投入，焕发可再生能源产业的活力。

其次，在保障机制方面，相关机构要建立健全可再生能源电力消纳保障机制，明晰消纳责任主体，监督消纳责任的落实，强化可再生能源电力消纳责任权重，引导各地将消纳责任与电力行业相关联；同时，进一步调整控制电力价格引导机制，从计划干预向市场配置转化，完善可再生能源保障收购机制，鼓励可再生能源市场化。

最后，在市场机制方面，政府要不断完善可再生能源组合标准机制，为可再生能源行业汇聚更多的供给者和消费者；逐步探索新的市场机制和消费机制，将更多可再生能源纳入电网，激活消费者的购买需求；进一步健全可再生能源产业的碳减排指标交易机制和绿色电力证书交易市场机制，推动绿色电力大规模、高质量发展。

（三）提升可再生能源产业内在竞争力

推广可再生能源是一个宏观长远的持续性进程。除了依靠国家政策大力扶持、社会形成共识的外部条件，最主要的还是可再生能源产业自身要抓住机会、谋求发展。从可持续发展的角度来看，随着政府扶持力度的降低，可再生能源产业还要将精力投入开放的市场投资环境，拉动各类社会资本参与可再生能源建设，依靠自身优势在公平竞争的秩序中脱颖而出，活跃产业内部市场活力。这才是可再生能源产业长远发展的根本途径。

首先，紧跟发展趋势。可再生能源革命要紧跟国家政策、市场形势。只有把整个产业的发展战略融入国家战略和市场需求，把握正确的顶层方针，从而不断调整完善自身的产业发展规划，紧跟政策风向，可再生能源才能打开市场局面，稳住市场地位。

其次，提高内部创新。可再生能源产业要不断提高自身的发展质量和速度，大力推动产业内部创新以驱动发展。依靠技术水平的创新提高可再生能源利用效率，不断降低可再生能源产品成本，从而增强可再生能源在消费市场中的内生动力，提高可再生能源产品在市场中的竞争力，吸引更多社会资本投资可再生能源产业。

再次，优化产业布局。产业内部要实现因地制宜，各个细分行业都要把握适合自身的发展区域和方向，充分发挥自身优势，不断拓长、拉宽内部产业链和配套服务，有效带动上下游产业同步发展，实现可再生能源产品多元化发展，以满足市场上消费者的广泛化需求。

最后，加强国际合作。可再生能源要走向国际市场，需要把"走出去"和"引进来"有效结合，积极开展"一带一路"可再生能源领域的发展合作，利用国际合作实现优势互补，以及深层次、宽领域、高水平的合作共赢，促进我国可再生能源的高质量发展、国际化发展。

四、本章小结

在实现碳达峰碳中和战略目标的过程中，可再生能源占据主导地位。本章首先介绍了可再生能源的相关常识，分析了可再生能源发展的现状和面临的挑战，以及可再生能源对能源低碳转型和经济高质量发展、碳达峰碳中和战略目标的重要作用。其次，在上述基础上提出了可再生能源未来发展的战略方向和主要路径，以及各分领域发展的方向和路径。最后，提出了加强可再生能源宣传推广、健全可再生能源政策保障体系、提升可再生能源产业内在竞争力等推进可再生能源产业健康快速发展的对策建议。

⇒ 第六章　碳汇

　　林业是应对气候变化国际进程中的重要内容，也是应对气候变化国家战略的重要组成部分。2009年召开的中央林业工作会议指出，林业在应对气候变化中具有特殊地位，发展林业是应对气候变化的战略选择。《中共中央　国务院关于完整准确全面贯彻新发展理念做好碳达峰碳中和工作的意见》强调要持续巩固提升碳汇能力。在国务院印发的《2030年前碳达峰行动方案》中，"碳汇能力巩固提升行动"被作为国家"碳达峰十大行动"之一。李金良教授认为，林业在应对气候变化，特别是在实现碳达峰碳中和战略目标中具有不可替代的作用。此外，海洋、草原、湿地等生态系统对实现碳达峰碳中和也有着重要作用。为落实"双碳"战略，有必要了解有关碳汇的常识、重要意义、潜力和贡献，分析主要生态系统的增汇途径，了解碳汇交易进展和实际案例，从而推进碳汇生态产品价值的实现，同时从增加碳汇的角度推进"3060"目标的实现。本章分享了笔者负责或参与组织完成的一部分国际、国内的林业碳汇项目开发和碳汇交易的实际案例，为有关单位和个人从事相关工作提供了真实的案例参考和方法启示。

一、中国林业碳汇的潜力和贡献

（一）碳汇常识

气候变化：《公约》中特指除在类似时期内所观测到的气候自然变异外，因直接或间接的人类活动改变了地球大气组成而造成的气候变化。值得注意的是，《公约》的气候变化强调人为活动，不包括自然因素造成的气候变化。

碳汇和碳源：这是一对与气候变化密切相关的概念。《公约》将"汇"或"碳汇"定义为从大气中清除温室气体、气溶胶或温室气体前体的任何过程、活动或机制。换言之，碳汇是指从大气中吸收二氧化碳等温室气体的过程、活动或机制。同时，《公约》将"源"或"碳源"定义为向大气排放温室气体、气溶胶或温室气体前体的任何过程、活动或机制。换言之，碳源是指向大气中释放二氧化碳等温室气体的过程、活动或机制。

森林碳汇和林业碳汇：这是我们经常遇到的两个基本概念。森林碳汇是指森林生态系统吸收大气中二氧化碳，并将其固定在植被和土壤中，从而减少大气中二氧化碳浓度的过程、活动或机制。林业碳汇通常是指通过森林保护、湿地管理、荒漠化治理、造林和更新造林、森林经营管理、采伐林产品管理等林业经营管理活动，稳定和增加碳汇量的过程、活动或机制[1]。森林碳汇体现了森林的自然属性，而林业碳汇还包含了政策管理的内

---

[1] 李怒云.中国林业碳汇［M］.北京：中国林业出版社，2016.

容，比森林碳汇更为广泛。实践中森林碳汇和林业碳汇可通用，但较常用林业碳汇。

（二）林业碳汇的重要意义

森林是陆地生态系统中最大的储碳库和最经济的吸碳器，具有增加碳汇的功能，森林植物生物量中的含碳量或含碳率大约是50%。科普数据显示：森林树木每生长1立方米蓄积量（相当于生长1吨的生物量）大约可吸收固定1.83吨二氧化碳。据IPCC估算：全球陆地生态系统中储存了约2.48万亿吨碳，其中1.15万亿吨碳储存在森林生态系统中。全球森林生态系统吸收和储存的碳占全球每年大气和地表碳流动量的90%，森林发挥着巨大的吸碳和储碳的碳汇功能。森林的这种碳汇功能对维护全球生态安全、减缓和适应气候变化发挥着重要作用[1]。

林业已被纳入应对全球气候变化的国际进程，是应对气候变化国际进程中的重要内容。作为联合国气候谈判的重要议题，林业也是最容易达成共识的议题。IPCC第四次评估报告指出，林业具有多种效益，兼具减缓和适应气候变化的双重功能，是未来30～50年增加碳汇、减少排放的成本较低、经济可行的重要措施。

2015年12月达成、2016年11月4日正式生效的《巴黎协定》明确规定，《公约》中近200个缔约方将以自主贡献方式参与2020年以后的全球应对气候变化行动。根据"共同但有区别的责任"原则，发达国家应带头

---

[1]　李怒云.中国林业碳管理的探索与实践[M].北京：中国林业出版，2017:165.

减排，并从资金技术等方面加强对发展中国家的支持，帮助其适应气候变化。自 2023 年起，全球应对气候变化行动的进展情况将每五年进行一次盘点，以敦促各国减排。《巴黎协定》的长远目标是确保全球平均气温的升高较工业化前水平控制在 2℃之内，并为把升温控制在 1.5℃之内而努力。各方承诺将尽快实现温室气体排放不再继续增加；在 21 世纪下半叶实现温室气体的人为排放与碳汇之间的平衡（净零排放）。更重要的是，《巴黎协定》将林业条款作为第五条单列出来，进一步加强了林业的重要地位。森林条款规定：2020 年后各国需采取行动保护、增强森林碳库和碳汇，继续鼓励发展中国家实施和支持"减少毁林和森林退化排放及通过可持续经营森林增加碳汇行动（REDD+）"，促进"森林减缓以适应协同增效及森林可持续经营综合机制"，并强调关注保护生物多样性等非碳效益。

在 2019 年 9 月举行的联合国气候行动峰会上，中国和新西兰牵头负责"基于自然的解决方案"（Nature-based Solution，NBS）。该方案是促进应对气候变化与保护生态环境和可持续发展协同治理的重要途径。为实现控制温升 2℃的目标，21 世纪下半叶或中叶全球要实现净零排放目标，那么发挥土地利用、土地利用变化和林业（land use land use change and forestry，LULUCF）的增汇潜力，从而抵消碳排放部门的剩余排放就显得极为重要。

2020 年 10 月 28 日，生态环境部应对气候变化司负责人在当月例行新闻发布会上介绍，我国多年来积极实施应对气候变化国家战略，调整产业结构，优化能源结构，节能提高能效，推进市场机制建设，积极增加森林碳汇，取得了积极成效。

中国高度重视林业应对气候变化工作，特别是其在碳达峰碳中和战略中的重要作用，林业已成为应对气候变化国家战略的重要组成部分。2009年召开的中央林业工作会议指出，林业在贯彻可持续发展战略中具有重要地位，在生态建设中具有首要地位，在西部大开发中具有基础地位，在应对气候变化中具有特殊地位；同时，明确要求必须把发展林业作为应对气候变化的战略选择。国家林业主管部门高度重视林业应对气候变化工作[①]，先后在原国家林业局（现国家林业和草原局）成立碳汇办、能源办、气候办及亚太森林恢复与可持续管理网络中心和中国绿色碳汇基金会，对开展林业应对气候变化及林业碳管理相关工作起到了极大的推动作用，如参加联合国气候大会涉林议题的谈判、资助亚太地区开展森林恢复与可持续发展项目、制定和发布相关政策文件、组织编写林业碳汇项目方法学和相关标准，指导开发林业碳汇交易项目，组织开展科学研究和能力建设，推动利用林业碳汇进行碳中和等活动。

　　林业碳汇具有生态、社会和经济等多重效益，受到国际社会的高度关注和普遍欢迎。林业碳汇是典型的生态产品。发展林业、增加林业碳汇对于应对气候变化和国家碳达峰碳中和战略的重大意义主要体现在以下方面：有利于落实联合国《巴黎协定》和国家碳达峰碳中和重大战略决策，落实党的十八大报告提出的"提供更多的优质生态产品"和党的十九大报告有关生态文明建设和绿色发展的重要精神；有利于探索绿水青山转化为金山银山的路径，践行绿水青山就是金山银山重要理念，促进美丽中国建设和绿色发展；有利于巩固脱贫成果，落实国家乡村振兴战略；等等。

---

① 李怒云. 中国林业碳管理的探索与实践［M］. 北京：中国林业出版社，2017：40.

（三）我国林业碳汇的潜力和贡献

1. 我国林业碳汇的潜力

我国在发展林业、增加林业碳汇方面进行了大量的探索实践，付出了巨大努力，取得了重大成就。根据第九次全国森林资源清查结果，我国森林面积为 2.2 亿公顷，森林覆盖率为 22.96%，森林蓄积量为 175.6 亿立方米，人工林有 7954.28 万公顷，森林植被总生物量为 188.02 亿吨，总碳储量为 91.86 亿吨碳。1949 年时，我国森林覆盖率仅有 8.6%，森林面积仅有 8000 多万公顷（约 12 亿亩[①]）。经过 70 多年坚持不懈地植树造林，我国的森林覆盖率增加了 1.6 倍多，2020 年年底全国森林覆盖率达到 23.04%[②]，森林面积达到了 2.2 亿公顷（33 亿亩）。

根据《中华人民共和国气候变化第二次两年更新报告》发布的 2010 年和 2014 年国家温室气体清单，2010 年和 2014 年我国温室气体排放总量分别为 105.44 亿吨二氧化碳当量和 123.01 亿吨二氧化碳当量，其中年土地利用、土地利用变化和林业的温室气体吸收汇分别为 9.93 亿吨二氧化碳当量和 11.15 亿吨二氧化碳当量；扣除碳汇（吸收汇）后，2010 年和 2014 年我国温室气体净排放量为 95.51 亿吨二氧化碳当量和 111.86 亿吨二氧化碳当量。碳汇抵消排放的比例分别是 9.42% 和 9.06%。

根据我国森林资源的连续清查数据，我国现有森林中 60% 以上是中幼龄林，亟待进行森林抚育和科学经营。在国家和地方积极加强森林经营管

[①] 1 亩 =1/15 公顷。

[②] 朱隽. 山水林田湖草一体化保护修复 "十三五" 时期自然保护地增加七百多个 [N]. 人民日报，2020−12−18（02）.

理、努力建设绿水青山的前提下，我国森林蓄积生长量将得到明显提升。假如，我们把全国平均每公顷的森林蓄积量从目前的 100 立方米提高到林业发达国家的 300 立方米或以上，把人工林的平均每公顷蓄积量从目前的 50 立方米提高到林业发达国家的 300 ～ 800 立方米，就可以大量增加森林碳汇，在减缓气候变化、助力实现碳达峰碳中和的同时，发挥森林众多的生态、经济、社会效益，从而造福人类。

除了 2014 年国家温室气体清单数据，值得关注的还有 2020 年 10 月 28 日在《自然》（*Nature*）杂志上发表的题为《基于大气二氧化碳数据的中国陆地大尺度碳汇估测》（*Large Chinese land carbon sink estimated from atmospheric carbon dioxide data*）的研究论文，其中提到的"此前中国森林碳汇能力被严重低估"，这引起了英国广播公司（BBC）[①]、新华社、《人民日报》、人民网、《中国绿色时报》等国内外媒体的广泛关注和报道。该研究显示，2010—2016 年中国陆地生态系统年均吸收约 11.1 亿吨碳（约 40.7 亿吨二氧化碳当量），相当于吸收了同时期人为碳排放的 45%。这一成果表明，以前中国陆地生态系统的碳汇能力被严重低估。当天，英国广播公司网站对这一成果进行了报道，为中国森林碳汇能力点赞，称中国植树造林有利于碳中和[②]。

上述研究成果由中国科学院大气物理研究所联合中国气象局、中国国家林业和草原局林草调查规划院及英国爱丁堡大学、美国航空航天局等权

---

① 中国日报. BBC：中国植树造林的碳吸收作用"被低估了"[EB/OL].（2020–11–26）[2022–03–28]. https://language.chinadaily.com.cn/a/202011/26/WS5fbf1b99a31024ad0ba969cc.html.

② 吴兆喆，李青. 中国陆地生态系统年均固碳 11.1 亿吨 [N]. 中国绿色时报，2020–11–20（02）.

威单位共同完成。该研究基于实地考察和卫星观测，采用天地一体化新方法，分析得出中国两个区域的新造树林吸收二氧化碳规模被低估了的结论，这两地的碳汇占中国整体陆地碳汇的 35% 多一点。主要被低估的地区有西南部的云南、贵州和广西三地，以及东北部，主要是黑龙江和吉林。

根据 IPCC 网站的信息，这种通过多源温室气体观测数据结合气象反演模式，以直观和快速的方式反映温室气体"排放"或"留存"在大气中的温室气体总量，是独立评估及验证国家温室气体排放清单结果的重要方式之一，也被 IPCC 纳入《IPCC 2006 年国家温室气体清单指南 2019 修订版》（ *2019 Refinement to the 2006 IPCC Guidelines for National Greenhouse Gas Inventory* ）。世界气象组织也正在积极开发"全球温室气体综合信息系统"，以推进该项工作。

刘毅教授研究团队表示[①]，该研究结果在一定程度上依赖于新增的地面观测资料，但由于人为排放和陆地生态系统存在很大的时空变化，现有观测仍显不足。未来，将进一步提升卫星的观测能力，以弥补现在观测的不足，从而建立更全面的观测体系，提供更准确的碳收支数据，为中国的碳中和目标提供科技支撑。

在上述《自然》杂志发表的文章中，我国生态系统碳汇对国家碳达峰碳中和的贡献比之前的估计大大提高。考虑到该文章采用的新方法学是不同于 IPCC 国家温室气体清单指南的碳汇核算方法学，我们还应积极关注其科学性、可行性、可靠性、不确定性方面的研究，为准确核算陆地生态系

[①] 丁佳.《自然》：中国陆地生态系统碳汇能力被严重低估，约吸收入为碳排放的 45%［N］. 中国科学报，2020–10–30（02）.

统碳汇提供科学依据。

2. 我国林业碳汇的贡献

中国高度重视林业碳汇，把增加森林碳汇作为应对气候变化的重要目标。2009 年，中国向国际社会承诺了控制温室气体排放的目标，即到 2020 年，单位国内生产总值二氧化碳排放比 2005 年下降 40%～45%；非化石能源占一次能源消费的比重达到 15% 左右；森林面积和蓄积量分别比 2005 年增加 4000 万公顷和 13 亿立方米（林业"双增"目标）。

2015 年，中国在向联合国提交的国家自主贡献中确定了到 2030 年自主控制温室气体排放的目标：到 2030 年前后二氧化碳排放达到峰值并争取尽早实现，单位国内生产总值二氧化碳排放比 2005 年下降 60%～65%；非化石能源占一次能源消费的比重在 20% 左右；森林蓄积量比 2005 年增加 45 亿立方米。其中，45 亿立方米的森林蓄积量增长目标已于 2019 年提前完成。

2016 年，中国在"十三五"规划中确定了国家控制温室气体排放的目标：到 2020 年，单位国内生产总值二氧化碳排放比 2015 年降低 18%；非化石能源占一次能源消费的比重从 12% 提高到 15%；森林蓄积量从 2010 年的 151 亿立方米增加到 165 亿立方米，年均增长 14%。

2020 年 12 月 12 日，中国国家领导人在气候雄心峰会上宣布了国家自主贡献的一系列新举措，增强了国家自主贡献的力度：到 2030 年，中国单位国内生产总值二氧化碳排放与 2005 年相比将下降 65% 以上，非化石能源占一次能源消费的比重将在 1/4 左右，森林蓄积量将比 2005 年增加 60 亿立方米，风电、太阳能发电总装机容量将达到 12 亿千瓦以上。由此可见，增加森林碳汇在国家控制温室气体排放目标及应对气候变化中具有重要地位。

综上所述，中国在应对气候变化国家战略、履行《巴黎协定》义务和控制温室气体排放中赋予了林业重大使命，林业碳汇具有不可或缺的重要作用。

二、中国生态系统碳汇的潜力和贡献

（一）草原碳汇的潜力和贡献

根据《中华人民共和国草原法》（2021 年修正），草原是指天然草原和人工草地。其中，天然草原包括草地、草山和草坡；人工草地包括改良草地和退耕还草地，不包括城镇草地。

草原是地球的皮肤，是地球上坚强的绿色资源，是宝贵的自然资源，是生态安全的重要基础。全球草原面积达 32.7 亿公顷，我国天然草原有 3.928 亿公顷，约合 47 亿亩，约占全球草原面积的 12%。可见，我国是名副其实的草原大国。

根据中国科学院方精云院士的研究结果，我国草原植被生物量占全国总生物量的 10.3%，草原土壤碳储量占全国土壤总碳储量的 36.5%。根据国家发布的《中华人民共和国气候变化第二次两年更新报告》，2014 年我国草原净吸收二氧化碳（净碳汇）1.0916 亿吨，占同年土地利用、土地利用变化和林业净碳汇 11.15 亿吨二氧化碳当量的 9.8%。

草原属于特殊的植被类型。"野火烧不尽，春风吹又生"是草原的真实写照。草原的地上部分春天生长、秋天枯死，可谓"一岁一枯荣"。草通常作为饲料用于饲养牛羊，或者在秋天枯死腐烂后向大气排放二氧化碳。为此 IPCC 规定，草原的地上部分属于零排放，既不是碳汇，也不是碳源，没有碳汇增量。草原碳汇主要来自其地下部分，也就是通过可持续管理草原，增加腐殖层，改良土壤，增加土壤碳汇。根据《IPCC 2016 年国家温室气体清单指南》，每公顷草原每年增加的土壤碳汇量约为 1.83 吨二氧化碳（0.5 吨碳）。如果国家和地方加强草原的生态保护与修复，使全国 50% 的草原得到科学的可持续管理，每年大约可以新增草原土壤碳汇 3.59 亿吨二氧化碳，这将是一个非常可观的数字。

我国专家曾建立了一种可持续草地管理温室气体减排计量与监测方法学，并且获得了国际机构批准成为核证碳减排标准（Verified Carbon Standard，VCS）方法学，也获得了国家气候变化主管部门批准并备案成为中国温室气体自愿减排机制（Chinese certified emission reduction，CCER）碳汇项目方法学（AR-CM-004-V01）。但是由于单位面积碳汇产量低、开发成本较高，草原碳汇项目开发的积极性不高，至今仅有 1 个 VCS 草原碳汇项目开发成功，并获得 VCS 注册处（Verra Registry）的批准。今后，可以进一步简化方法学或开发标准化方法学，以降低开发成本，促进草原碳汇项目的开发和交易，从而促进我国草原的保护和修复。

（二）湿地碳汇的潜力和贡献

湿地通常指天然或人工、长久或暂时性的沼泽地、湿原、泥炭地或水域地带，带有静止或流动的淡水、半咸水或咸水水体，包括低潮时水深不超过 6 米的水域。湿地被称为"地球之肾",具有供给水源、调节宜居环境、丰富文化生活的功能,同时也是承载生命的摇篮。湿地在涵养水源、净化水质、蓄洪抗旱、调节气候和维护生物多样性等方面发挥着重要功能,是重要的自然生态系统,也是自然生态空间的重要组成部分。湿地保护是生态文明建设的重要内容,事关国家生态安全,事关经济社会可持续发展,事关中华民族子孙后代的生存福祉[①]。

通常,湿地中埋藏着未被分解的有机物质,是一个碳库。此外,湿地植被生长发育,会吸收固定二氧化碳,生产有机物质,发挥碳汇功能。同时,湿地还会释放甲烷气体。但扣除碳排放后,湿地通常是一个碳汇。但是,如果湿地,特别是泥炭地受到严重破坏,如排干湿地水分,将会造成湿地的温室气体向大气中排放,从而加深气候变暖的程度。

据研究,我国的湿地面积为 6600 多万公顷,每公顷植被的碳密度为 22.2 吨碳,植被碳储量为 2.4 亿吨碳,土壤碳储量为 45.7 亿吨碳,总碳储量为 48.1 亿吨碳(约 176.4 亿吨二氧化碳)[②]。

根据《中华人民共和国气候变化第二次两年更新报告》,2014 年我国湿地净吸收二氧化碳(净碳汇量)4454 万吨,排放甲烷 172 万吨(甲烷增温潜势为 21,可折算为排放 3612 万吨二氧化碳当量),汇源抵消后,湿地净碳汇量为 842 万吨二氧化碳当量,占同年土地利用、土地利用变化和林业净碳汇 11.15 亿吨二氧化碳当量的 0.8%。

---

① 解学相,刘敬初,张永霞. 生态河道治理之我见 [J]. 水资源开发与管理,2017(9):34-37.

② 于贵瑞 何念鹏 王秋凤,等. 中国生态系统碳收支及碳汇功能理论基础与综合评估 [M]. 北京:科学出版社,2013.

当沼泽湿地的水热条件非常稳定时，湿地中的泥炭不参与大气二氧化碳循环。所以，沼泽地有机质的积累可以增加碳汇，有助于减缓人为碳排放造成的温室效益。如果将沼泽地排水、改造为农田，那么沼泽地就失去了积累碳汇的能力，并且其有机质的分解也会被加速，因此沼泽地就由碳"汇"转变为碳"源"[①]。

（三）海洋碳汇的潜力和贡献

海洋碳汇，又称为蓝色碳汇、蓝碳。海洋是一个巨大的碳库，不断通过表层海水与大气二氧化碳进行交换。海洋大约吸收人类活动碳排放的1/4。海洋无机碳库的碳储量大约为39.12万亿吨碳，是大气圈的50多倍和生物圈的近20倍，其中表层海水中的无机碳约为1.02万亿吨碳，深层海水中的无机碳约为38.1万亿吨碳；海洋生物群的碳储量较小，只有约30亿吨碳[②]，在地球碳循环中具有重要地位。海洋碳汇相对比较稳定，并且属于自然过程，人类通常难以通过人为活动大量增加蓝色碳汇。

我国近海包括渤海、黄海、东海和南海，总面积约为470多万平方千米，占全球海洋面积的1.3%。目前，对我国海洋碳储量和碳汇缺乏科学系统的研究和专业权威的研究数据。据研究估算，我国海洋从大气中吸收的二氧化碳约为3000万吨碳，相当于全球海洋年固碳量的1.4%。

---

① 湿地是全球性碳汇：人为破坏将导致湿地变碳源［EB/OL］.（2010-04-19）［2022-03-28］. http://www.weather.com.cn/zt/ty/403289.shtml.

② Siegenthaler U, Sarmiento JL: Atmospheric carbon dioxide and the ocean［J］. Nature, 1993（365）：119-125.

三、生态系统碳汇的主要途径

（一）增加我国林业碳汇的主要途径

根据国家林业主管部门发布的《应对气候变化林业行动计划》[①]和相关研究实践成果，我国增加林业碳汇的途径主要有以下几方面。

1. 科学开展植树造林

一是大力推进全民义务植树。要继续按照第五届全国人大第四次会议通过的《关于开展全民义务植树运动的决议》和《国务院关于开展全民义务植树运动的实施办法》（国发〔1982〕36 号），把开展好全民义务植树纳入重要议事日程，层层落实领导责任制。

二是实施重点工程造林，不断扩大森林面积。我们要认真实施好天然林保护工程，退耕还林还草工程，京津风沙源治理工程，"三北"防护林工程，长江、珠江、沿海防护林和太行山、平原绿化工程，重点地区速生丰产林基地建设工程和 2000 万公顷（3 亿亩）的国家储备林基地建设工程，扩大森林面积，增加森林单位面积生长量和蓄积量，逐步增强天然林和人工林的碳汇能力。

三是加快珍贵树种用材林培育。在适宜地区，结合国家储备林建设项目、工业原料林基地、天然林保护和退耕还林工程，积极建立珍贵树种用材林培育基地，提高林分光能利用率、林分生产力和蓄积量水平。

---

① 国家林业局. 应对气候变化林业行动计划［M］. 北京：中国林业出版社，2010.

2. 发展林业生物质能源

实施能源林培育和加工利用一体化项目。

3. 加强森林可持续经营利用

一是实施森林经营项目。以提高现有森林生长量为目标，制定和实施森林经营规划，全面提升森林质量和蓄积量。

二是扩大封山育林面积，科学改造人工纯林，增强人工纯林抗御极端灾害性天气的能力。

4. 重视森林资源保护

一是加强森林资源采伐管理。严格执行林木采伐限额制度，对公益林和商品林采伐实行分类管理。

二是加强林地征占用管理。科学编制林业发展区划和全国林地保护利用规划纲要，明确不同区域林业发展的战略方向、主导功能和生产力布局，强化林地保护管理。

三是提高林业执法能力。逐步建立权责明确、行为规范、监督有效、保障有力的林业行政执法体制。

四是提高森林火灾防控能力。坚持"预防为主、积极消灭"的原则，全面提升森林火灾综合防控水平，最大限度地减少森林火灾发生次数，降低火灾损失。

五是提高森林病虫鼠兔危害的防控能力。坚持"预防为主、科学防控、依法治理、促进健康"的方针，做好森林病虫鼠兔危害的防治工作。

5. 发展健康的林业产业

一是合理开发和利用生物质材料。要抓好生物质新材料、生物制药等的开发和利用工作。

二是加强木材的高效循环利用。积极推进木材工业"节能、降耗、减排"和木材资源高效、循环利用，大力发展木材精加工和深加工业。

6. 湿地恢复、保护和利用

一是开展重要湿地的抢救性保护与恢复。重点解决重要湿地的生态补水问题。根据湿地类型、退化原因和程度等情况，因地制宜地开展湿地植被恢复工作，提高湿地碳储量。

二是开展农牧渔业可持续利用示范。建立国家和地方不同层次的农牧渔业可持续利用示范基地，实施科学的生态养殖，促进我国农牧渔业对湿地的可持续利用，减少湿地破坏导致的温室气体排放。

（二）增加我国草原碳汇的主要途径

近 20 年来，我国草原资源破坏严重，退化形势严峻。特别是超载放牧问题严重，导致草原严重破坏、退化、沙化。全国每公顷产草单产小于 3.5 吨的低产草原占 64.8%。退化的草原已不再是碳汇，而是形成了碳源。为此，必须加大草原保护修复的力度。为了改善草原生态系统的结构和功能，增加草原生物产量和草原土壤碳汇，要坚持保护优先、节约优先、自然修复为主的基本方针。保持草原生态系统的健康和稳定，不断改善草原生态环境。要针对当前草原退化、面积减少、生态脆弱的现状，加大保护建设力度，确保草原面积不减少、用途不改变、质量不断提高、功能持续提升。积极采取有效措施增强我国草原碳汇能力[①]。

---

① 刘加文. 重视和发挥草原的碳汇功能［N］. 中国绿色时报，2018-12-06（02）.

具体措施：一是大力开展草原保护与修复，加强草原建设，积极引导草原合理利用、科学利用；二是不断强化草原监督管理，查处和打击各类违法、违规征占用草原、破坏草原植被的行为；三是要像重视种树一样重视种草，积极开展林草结合型国土绿化行动；四是认真落实生态文明建设各项制度，进一步完善草原保护政策，加大生态补偿力度，建立有利于草原可持续发展的长效机制。

（三）增加我国湿地碳汇的主要途径

根据国务院办公厅印发的《湿地保护修复制度方案》（国办发〔2016〕89号）[①]，可将增加湿地碳汇的主要途径总结如下：

一是遏制减退趋势，完成湿地保护面积目标。我国湿地类型多、分布广、生物多样性丰富，在湿地保护工程的建设过程中逐步形成了以湿地自然保护区为主的湿地保护体系。但是由于多种原因，湿地的保护问题依然十分突出。

二是全面保护湿地，推进保护与修复。全面保护湿地主要体现在三个方面，即将全国湿地纳入保护范围，将湿地与其他生态系统结合起来，针对不同湿地进行分级管理。

三是形成保护合力，抓好制度实施。重点包括五个方面：完善湿地分级管理体系；确保现有湿地面积不减少；紧抓湿地利用监管的薄弱环节；着力提升湿地生态系统的整体功能；注重湿地保护的修复效果。方案提出

---

① 国务院办公厅. 国务院办公厅关于印发湿地保护修复制度方案的通知：国办发〔2016〕89号［EB/OL］.（2016-11-30）［2022-03-28］. http://www.gov.cn/zhengce/content/2016-12/12/content_5146928.htm.

的这些政策措施涉及面广、政策性强，需要各部门通力协作，形成湿地保护修复的合力。

（四）增加海洋碳汇的主要途径

海洋碳汇相对稳定，很难采取人为措施大规模增加海洋碳汇。为了进一步增加海洋对二氧化碳的吸收能力，需要经过科学的分析评估，在生态风险可控、技术经济可行的前提下，谨慎考虑采用以下途径。

一是在近海红树林退化区域，人工种植红树林和保护修复红树林生态系统，增加红树林碳汇。

二是在近海海草床退化区域，人工种植和保护修复海草床生态系统，增加海洋碳汇量。不过这属于短期固碳。

三是在近海适宜区域，开展大型海藻栽培，吸收二氧化碳，防治富营养化和减缓气候变化。主要栽培的大型海藻约有100种，其中海带、江蓠、裙带菜、紫菜、麒麟菜的产量约占大型海藻栽培总产量的98%。这也属于短期固碳。

四是在海藻分布海域，投放微量铁盐，促进海藻生长并提高其产量，增加海藻对二氧化碳的吸收，提高海洋碳汇。早在1992年和1995年，施放铁盐的实验证实，施放微量铁盐能提高海洋中藻类的增殖速度，从而增加蓝色碳汇。但是，至今仍然不明确在海洋中施放微量铁盐对海洋生态系统的潜在风险和危害程度，因此只能作为一种选择，使用时需要十分谨慎。这也属于短期固碳。

四、中国林业碳汇交易进展和项目案例

（一）林业碳汇项目分类

当前国内外开发的林业碳汇项目主要有四类：联合国清洁发展机制（CDM）林业碳汇项目、中国温室气体自愿减排机制（CCER）碳汇项目、国际核证碳减排标准（VCS）碳汇项目和其他林业碳汇项目。

按照项目的核心技术措施，林业碳汇项目可以分为两大类：一是在无林地上的造林项目；二是在有林地上的森林经营管理项目。林业碳汇项目与普通的造林和森林经营项目不同，碳汇营造林项目在设计、实施和监测等方面都有着严格的规定。

（二）林业碳汇项目开发和交易流程

1. 林业碳汇项目开发流程

如何把绿水青山变成金山银山呢？在应对气候变化和建立国内外碳市场的背景下，林业碳汇是其中一个有效途径。那么，我们应该如何规范有序地开发林业碳汇项目并实现上市交易呢？根据国内外的通行做法和有关政策规定，林业碳汇项目开发与交易需要按一定的程序进行。下面将以当前在国内碳市场可交易且社会各界关注的 CCER 林业碳汇交易项目为例进行说明。

根据国内外的通行做法和有关政策规定及多年的实际项目开发经验，李金良教授将 CCER 林业碳汇项目开发程序归纳为七个步骤：项目设计、项目审定、项目注册、项目实施、项目监测、项目核证及减排量备案（图 6-1）。其他类型的林业碳汇项目开发流程与此大同小异，如 CDM 碳汇项目在提交联合国注册前，需获得国家发展改革委的批准，而 VCS 碳汇项目则不需要获得国家主管部门的批准。各步骤承担单位的差异主要在于项目审定核证机构、项目注册和签发部门。

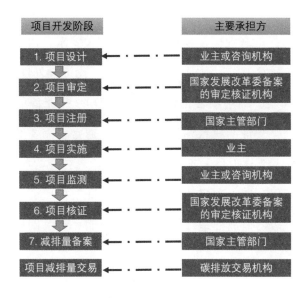

图 6-1　CCER 林业碳汇项目开发与交易流程

根据国家主管部门已有的相关政策规定、林业碳汇开发程序和项目开发实践经验，李金良将项目开发七个步骤的主要工作进行了归纳总结，如果今后国家主管部门对现行的国家相关政规定进行更新，应按更新后的相关政策规定执行。

（1）项目设计

由技术部门（咨询机构）按照国家有关政策规定和方法学规定对拟议

项目进行初步评估，如果不符合基本条件，则放弃开发。如果达到基本条件且经济上可行，则开展碳汇项目的基准线识别、造林作业设计调查，并编制造林作业设计（造林类项目）或森林经营方案、森林经营作业设计（森林经营类项目），并报地方林业主管部门审批以获取批复。

按照国家《温室气体自愿减排交易管理暂行办法》（发改气候〔2012〕1668号）、《温室气体自愿减排项目审定与核证指南》（发改办气候〔2012〕2862号）和所选择的林业碳汇项目方法学的相关要求，由项目业主或咨询机构开展调研和开发工作，识别项目的基准线，论证额外性，预估减排量，编制减排量计算表，编写项目设计文件（PDD），并准备项目审定和申报备案所必需的一整套证明材料和支持性文件。通常，需要准备的项目材料有项目作业设计（造林项目）或森林经营方案（森林经营项目）、项目设计或方案批复、环保证明、项目开发协议、林权证及权属证明、项目设计文件、减排量计算表、监测样地计算表、开工证明、有关图样（纸质和电子版本）等。

项目设计文件最新模板见国家主管部门有关网站"中国自愿减排交易信息平台"（今后或由全国温室气体自愿减排交易平台代替）下的"管理办法"栏目。

（2）项目审定

由项目业主或咨询机构委托国家主管部门批准备案的审定机构，依据《温室气体自愿减排交易管理暂行办法》《温室气体自愿减排项目审定与核证指南》和选用的林业碳汇项目方法学，按照规定的程序和要求开展独立审定。项目审定相关要求详见《温室气体自愿减排项目审定与核证指南》。

由项目业主或咨询机构跟踪项目审定工作，并及时反馈审定机构就项目提出的问题和澄清项，提供相关证明材料，修改、完善项目设计文件。审定合格的项目由审定机构出具正面的审定报告。

截至目前，具有审核资质的 CCER 林业碳汇项目的审核机构有六家，分别是中环联合（北京）认证中心有限公司（CEC）、中国质量认证中心（CQC）、广州赛宝认证中心服务有限公司（CEPREI）、北京中创碳投科技有限公司、中国林业科学研究院林业科技信息研究所（RIFPI）、中国农业科学院（CAAS）。

项目审定机构及审定报告最新模板和审定相关要求见国家主管部门有关网站"中国自愿减排交易信息平台"下的"管理办法"栏目。

（3）项目注册

项目注册常被业内称为项目备案。项目审定后，向国家主管部门（生态环境部）申请项目备案。项目业主企业（国资委管理的央企除外）需经过省级主管部门初审后转报国家主管部门，同时需要省级林业主管部门出具项目真实性证明，以证明土地合格性及项目活动的真实性。

国家主管部门委托专家进行评估，并依据专家评估意见对自愿减排项目备案申请进行审查，对符合条件的项目予以备案。对此程序的要求，今后国家主管部门或将进行优化调整。

项目备案申请需要提交的材料见国家主管部门有关网站"中国自愿减排交易信息平台"下的"管理办法"栏目。

（4）项目实施

根据项目设计文件、林业碳汇项目方法学和造林或森林经营项目作业设计、方案等要求，开展营造林项目活动。项目实施是决定项目是否能够成功、是否获得预期碳汇减排量的关键，因此十分重要，必须引起高度重视。只有严格按照批准的作业设计执行，方能获得项目的预期林业项目成效和碳汇收益。

（5）项目监测

按备案的项目设计文件及其监测计划、监测手册实施项目监测活动，测量造林或森林经营项目在监测期内实际产生的项目碳汇量和项目减排量，编写项目监测报告，准备核证所需的支持性文件，用于申请减排量核证和备案。

监测报告需要根据国家主管部门公布的最新模板要求进行编写。项目业主或咨询机构应收集、准备好项目监测相关的文件资料，以被核证机构查询。

项目监测报告最新模板和最新要求见国家主管部门有关网站"中国自愿减排交易信息平台"下的"管理办法"栏目。

（6）项目核证

由业主或咨询机构委托国家主管部门备案的核证机构进行独立核证。核证程序与审定程序类似。项目核证相关要求详见《温室气体自愿减排项目审定与核证指南》。由项目业主或咨询机构陪同、跟踪项目核证工作，并及时反馈核证机构就项目提出的问题，修改、完善项目监测报告。对于审核合格的项目，核证机构出具项目减排量核证报告。

核证机构将监测报告、减排量计算表和核证报告上传国家主管部门专用邮箱。

项目核证机构及核证报告最新模板和核证相关要求见国家主管部门有关网站"中国自愿减排交易信息平台"下的"管理办法"栏目。

（7）减排量备案

减排量备案在业内通常被称为减排量签发，由项目业主直接向国家主管部门提交减排量备案申请材料。由国家主管部门委托专家进行评估，并依据专家评估意见对自愿减排项目的减排量备案申请材料进行联合审查，对符合要求的项目给予减排量备案签发，出具减排量备案通知，并将签发的减排量发放至项目业主在国家自愿减排交易注册登记系统（以下简称登记簿）的账户中。

减排量备案最新要求见国家主管部门有关网站"中国自愿减排交易信息平台"下的"管理办法"栏目。

2. 林业碳汇项目交易流程

项目业主获得国家主管部门签发的减排量之后，就可以进入碳汇指标现货交易程序。下面介绍 CCER 林业碳汇交易的流程。

根据《温室气体自愿减排交易管理暂行办法》，包括林业碳汇在内的自愿减排项目减排量备案签发后，在登记簿登记并在经备案的交易机构内交易。

截至目前，国家主管部门备案的自愿减排交易机构有九家，分别是北京环境交易所（现更名为北京绿色交易所）、天津排放权交易所、上海环境能源交易所、广州碳排放权交易所、深圳排放权交易所、湖北碳排放权交易中心、重庆联合产权交易所、四川联合环境交易所和海峡股权交易中心。

自愿减排项目的减排量在经国家主管部门备案的交易机构内，依据交易机构制定的交易细则进行交易。经备案的交易机构的交易系统与登记簿连接，实时记录减排量变更情况。

（1）登记簿开户流程

登记簿是记录 CCER 的签发、转移、取消、注销等流转情况的信息管理系统。根据 2015 年国家主管部门《关于国家自愿减排交易注册登记系统运行和开户相关事项的公告》，自愿减排交易参与方需按照以下步骤在登记簿中开立账户。

步骤 1：申请者提交材料。自愿减排交易参与方是指企业、机构、团体和个人。参与方须到指定代理机构提交相关材料以申请在登记簿中开户，申请材料清单见主管部门的相关网站。

步骤 2：指定代理机构审核材料。指定代理机构对申请材料的完整性、真实性进行审核。若审核通过，指定代理机构在登记簿中录入信息并发起开户申请。指定代理机构须将开户申请表原件（1 份）提交或邮寄至登记簿管理机构，并将所有申请材料的电子版发送至登记簿指定邮箱。

步骤 3：登记簿管理机构完成开户。登记簿管理机构审核指定代理机构录入的开户信息和提交的材料。若信息无误且材料完整，则审核通过并在系统中确认开户；若信息有误或材料缺失，则申请者需完善材料后重新提交开户申请。

步骤 4：系统反馈。系统邮件告知账户代表、联系人和指定代理机构开户相关信息。

（2）CCER 交易流程

CCER 林业碳汇获得国家主管部门备案签发后，在国家气候变化主管部门备案的碳交易所进行交易，用于重点排放单位（控排单位）减排履约或者有关组织机构开展碳中和、碳补偿等自愿减排活动，履行社会责任，树立绿色形象。现以经国家主管部门备案的自愿减排交易机构之一——上海环境能源交易所的CCER交易为例，说明CCER林业碳汇交易的流程[①]（图6-2），其余交易所的 CCER 交易流程大致相同。

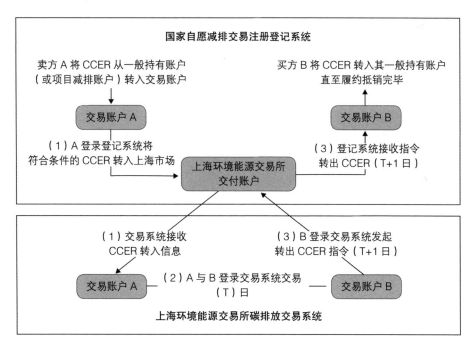

图 6-2　CCER 林业碳汇交易流程

---

① 上海环境能源交易所网站.CCER 交易流程［EB/OL］.（2018-07-16）［2022-03-28］.https://www.cneeex.com/tpfjy/fw/jyfw/ccerjylc/.

步骤 1： 卖方登录登记簿将需要交易的符合条件的 CCER 从自己的交易账户转入上海环境能源交易所交付账户。

步骤 2： 交易参与方登录上海环境能源交易所碳排放交易系统进行 CCER 交易。

步骤 3： 若买方为上海碳交易试点企业，因履约抵消等需要也可以在上海环境能源交易所碳排放交易系统上发送转出 CCER 的指令，将 CCER 从上海环境能源交易所交付账户转入登记簿中的交易账户，直至履约抵消完毕。当日买入的 CCER 于第二个交易日划拨至登记簿。

（3）CCER 注销

用于抵消碳排放的减排量应于交易完成后在登记簿中予以注销。

（三）CDM 碳汇交易进展和项目案例

1. 项目开发和交易进展

目前，CDM 林业碳汇项目方法学有 4 个，包括 2 个陆地造林项目方法学（分大项目和小项目）和 2 个湿地红树林造林项目方法学（分大项目和小项目）。林业碳汇项目属于专业领域 14——造林再造林。

这里的造林再造林，是指 CDM 规则下的造林和再造林，与我们常规概念的造林不完全相同。根据 2001 年 7 月《公约》第 6 次缔约方大会和 11 月第 7 次缔约方大会通过的《波恩政治协议》和《马拉喀什协定》，造林是指通过人工植树、播种或人工促进天然下种等方式，使至少在过去 50 年不曾有森林的土地转化为有林地的直接人为活动；再造林是指通过植树、播种或人工促进天然下种等方式，将过去曾经是森林但被转化为无林地的土地转化为有林地的直接人为活动。第一承诺期内（2008—2012 年），再造林限于在 1990 年 1 月 1 日以来的无林地上开展的造林活动。

截至 2022 年 1 月，全球注册的 CDM 林业碳汇项目有 66 项，占全球注册 CDM 项目总数 7854 项的 0.8%。其中，中国有 5 个 CDM 林业碳汇项目，具体为广西 2 项、四川 2 项、内蒙古 1 项，项目总面积约为 30 万亩。

李金良教授认为，现在中国的 CDM 碳汇项目几乎没有开发前景。在未找到买家的情况下，为了降低碳汇开发交易风险，不建议开发 CDM 碳汇项目。将来随着《巴黎协定》谈判的深入，CDM 碳汇项目更新升级为可持续发展机制（SDM）碳汇项目时，在对造林再造林项目方法学有关规则进行更新调整后，我国有可能具有一定的开发潜力。

2. CDM 项目案例

（1）中国广西珠江流域治理再造林项目

中国广西珠江流域治理再造林项目是在原国家林业局的指导和支持下全球第一个成功开发和交易的 CDM 林业碳汇项目。依托该项目，以中国专家为主的专家团队开发了全球首个 CDM 造林再造林项目方法学。该项目于 2006 年开始在广西苍梧、环江两县营造 4000 公顷（6 万亩）①人工林，世界银行生物碳基金支付 200 万美元购买其中 48 万吨碳汇减排量（CER，核证减排量），成交单价为 4.35 美元 / 吨二氧化碳当量。该项目成功的关键是除了吸收固定二氧化碳，还具有增加农民收入、涵养水源、保护生态、保护生物多样性等多重效益。项目第一监测期和第二监测期碳汇 CER 已获得联

---

① 该面积为设计面积，实际落实造林面积 3000 多公顷。

合国签发。

该项目为全球提供了第一个 CDM 林业碳汇项目开发和交易的实际案例，为国际社会进一步开发 CDM 碳汇项目提供了方法学依据、可供参考的项目案例及碳汇交易经验，意义重大。

（2）内蒙古和林格尔盛乐国际生态示范区林业碳汇项目

内蒙古和林格尔盛乐国际生态示范区林业碳汇项目是我国成功组织实施并交易的一个 CDM 造林碳汇项目。从 2012 年开始，该项目在老牛基金会的资助下，由中国绿色碳汇基金会和合作伙伴在我国中温带、半干旱大陆性季风气候区的内蒙古呼和浩特市和林格尔县营造约 4 万亩的人工林。李金良教授参与了该项目策划和组织实施工作。美国华特迪士尼公司支付 180 万美元购买了 16 万吨林业碳汇 CER，成交单价是 11.25 美元 / 吨二氧化碳当量。该项目获得联合国 CDM 项目注册和气候、社区和生物多样性标准（CCB）项目金牌认证，具有应对气候变化、保护生物多样性、改善社会发展等多重效益，并且获得中华慈善奖优秀项目奖。

该项目是我国北方实施较早的修复干旱、半干旱地区退化土地的 CDM 林业碳汇项目。在和林格尔项目区实施高质量造林和修复工程，林木保存率高、生长健康，为内蒙古造林绿化树立了典型的样板。同时，该项目成功获得联合国 CDM 项目注册和国际多重效益 CCB 金牌认证，在 CDM 碳汇项目中是极为少有的，且项目由政府机构和多家非政府机构密切合作组织实施并取得成效，意义重大，影响深远。

（四）VCS 碳汇交易进展和项目案例

1. 项目开发和交易进展

VCS 是国际上最大的自愿减排碳市场标准，其碳汇签发和交易量占主导地位，主要用于企业自愿减排，履行社会责任，提升企业绿色形象。很多富有社会责任感的知名企业和组织机构、社会团体都积极购买 VCS 林业碳汇进行碳中和、碳补偿，为应对气候变化做贡献。

根据 VCS 项目数据库，截至 2022 年 1 月，全球共有 237 个农林项目获得 VCS 注册（占总注册项目 1774 个的 13.4%）。其中，中国有 37 个注册林业项目，包括 8 个森林管理项目（分布于内蒙古、云南、江西、福建和湖北）和 29 个造林项目（分布于青海、贵州、河南、四川、安徽、吉林、湖南、广东、广西、甘肃等地）。

作为碳汇领域的专业团队，北京汇智绿色资源研究院（BIGR）专家团队成功开发或正在开发的 VCS 林业碳汇项目和蓝碳项目有十多项，分布于内蒙古、海南、云南、福建、江西、陕西等地，为践行绿水青山就是金山银山理念和推动碳汇生态产品价值货币化转化做出了积极的努力。

2. VCS 项目案例

内蒙古绰尔森林管理碳汇项目是我国首个由最大的国有林区成功开发和交易的项目。

（1）项目介绍

原内蒙古绰尔林业局（项目业主）组织实施了国际 VCS 森林管理碳汇项目，通过在项目区禁止商业性采伐，将用材林变为保护林，进而减少采伐排放，增加碳汇量。项目区面积共有 16.515 万亩（11 010 公顷），主要树种为落叶松，少量为白桦。该项目根据 VCS 森林管理方法学 VM0010 和 VCS 有关标准规则进行开发和实施，由项目业主委托中国绿色碳汇基金会提供项目技术开发服务工作，由李金良教授组织有关技术人员共同完成项目技术开发和管理服务工作。2016 年，该项目获得 VCS 注册（VCS 项目注册号 1529）和项目第一核查期（第一监测期）碳汇减排量（VCUs）签发许可。

项目计入期为 20 年（2010 年 1 月 1 日—2029 年 12 月 31 日），计入期内预计产生碳汇减排量 138.6 万吨二氧化碳当量，第一核查期（第一个五年）获签碳汇减排量（VCUs）为 38 万吨二氧化碳当量。

内蒙古绰尔森林管理碳汇项目第二核查期（第二个五年）由项目业主委托北京汇智绿色资源研究院李金良教授团队全面负责技术开发和管理服务。经过监测、统计分析，报告撰写，以及 VCS 批准的审定核查机构（VVB）现场核查和文件核查，并获得监测报告、农林项目非持久性风险评估报告、核证报告等第二核查期的项目签发报批文件，最后顺利得到注册处（Verra Registry）的批准，获得签发的碳汇减排量约为 34.4 万吨二氧化碳当量。

（2）重要意义

项目实施带来了巨大的环境和生态效益。减少森林采伐后，项目区人为扰动大幅减少，森林天然更新效果明显，幼树、幼苗得到保护，灌木、草本植物恢复迅速，过去的集材道现在幼树林立，森林覆盖率得到提升，过去暴雨造成的局部水土流失现在已经基本不复存在。野生动物、鸟类、昆虫的数量和种类明显增加,生态链更加完整,与其他相同地理、土壤、气候条件相近的区域相比,物种更丰富,森林病虫害的发生概率和危害程度明显降低。

项目区停止商业性采伐后,原内蒙古绰尔林业局举办了各类培训,提升了停伐后林业工人的森林经营技能和管护知识。过去采伐工人只在冬季有工作、有收入,现在从事森林经营和管护后全年都有收入,收入没有降低,而且更有保障。由于管护到位,野生浆果、野生药材、野生经济植物、野生菌类产量明显提升,当地居民的经济收入有所增加。采集业和林下经济业也初具雏形,就业岗位和居民的收入得以增加。

(3)碳汇交易情况

该项目完成 VCS 注册后,在李金良教授的协助下,2017 年 12 月 18 日项目业主在浙江省杭州市的全国林业碳汇交易试点平台华东林业产权交易所与浙江华衍投资管理有限公司举行签约仪式,销售额为 40 万元。2018 年 1 月 18 日,项目业主在内蒙古大兴安岭重点国有林管理局与浙江华衍投资管理有限公司举行了签订第二次销售协议的仪式,销售额为 80 万元。2021 年 4 月 8 日,经挂牌竞价,在内蒙古产权交易中心,项目业主与买家中国碳汇控股有限公司举办成交签售仪式,销售额约为 300 万元。三次碳汇交易收入超过 400 万元。这个碳汇交易项目看起来是内蒙古大兴安岭国有林区在林业碳汇管理上迈出的一小步,实际上是大兴安岭林区在促进生态产品交易,生态产品市场化、货币化的道路上迈出的一大步。这标志着林区走出了生态产品价值实现机制的创新之路。

此外,该项目已完成的签发报批手续第二核查期约 34.3 万吨的碳汇指标（VCUs）吸引了许多国内外买家前来商谈购买事宜，项目业主正在走销售审批程序。

（五）CCER 碳汇交易进展和项目案例

1. 项目开发和交易进展

根据《碳排放权交易管理办法（试行）》（2020 年 12 月 31 日生态环境部部令第 19 号），CCER 是指对我国境内可再生能源、林业碳汇、甲烷利用等项目的温室气体减排效果进行量化核证，并在国家自愿减排交易注册登记系统中登记的温室气体减排量。

CCER 纳入中国自愿减排交易体系，以抵消机制纳入我国区域碳交易试点市场和四川联合环境交易所，且优先纳入全国碳市场的抵消机制，可以用于重点排放企业减排履约。

对于 CCER 林业碳汇项目的方法学标准，至今只有笔者参与编写的 4 个方法学获得国家气候变化主管部门批准备案[①]，分别是 AR-CM-001-V01 碳汇造林项目方法学、AR-CM-002-V01 竹子造林碳汇项目方法学、AR-CM-003-V01 森林经营碳汇项目方法学、AR-CM-005-V01 竹林经营碳汇项目方法学。

截至 2022 年 1 月[②]，有 15 项林业碳汇项目获得备案注册（审定前公示了 96 个林业碳汇项目），项目类型有造林、竹子造林、森林经营项目，其中 3 个林业碳汇项目获得首期签发碳汇减排量 CCER。

---

① 李金良，施志国. 林业碳汇项目方法学［M］. 北京：中国林业出版社，2016.
② 2017 年 3 月 14 日以来未更新数据。

全国首个 CCER 林业碳汇项目广东长隆碳汇造林项目，在原国家林业局和广东省林业厅的支持下，由中国绿色碳汇基金会提供技术服务，并与广东省林业调查规划院密切合作开发，由李金良教授组织广东省林业调查规划院等单位专业人员共同开发完成。该项目于 2014 年 7 月 21 日获得国家发展改革委的注册（项目备案），并于 2015 年 5 月 25 日获得国家发展改革委的第一核查期碳汇减排量 CCER 的签发（减排量备案），于 2015 年 6 月实现成功交易，成交单价为 20 元 / 吨二氧化碳当量，用于广东碳交易试点控排企业粤电集团（现为广东省能源集团）控排履约。

该项目成功的重要意义在于，实现了国内首笔 CCER 林业碳汇交易，为我国开发 CCER 林业碳汇项目、开展碳汇交易提供了项目案例、学习样板和项目经验，量化了碳汇生态产品，探索了交易途径，实现了碳汇生态产品价值的货币化，增强了国内开展林业碳汇开发和交易的信心。

截至 2021 年年底，CCER 和 BCER（在北京注册、签发、可以用于北京试点企业减排履约的林业碳汇项目）林业碳汇累计成交 30 多笔，成交量约为 90 万吨，成交均价约为 15 元 / 吨二氧化碳当量，单价高于其余 CCER 产品。

FFCER 是指在福建省注册、签发、可以用于福建试点企业减排履约的林业碳汇项目。根据福建省政府新闻办召开的新闻发布会报道，福建在 20 个县（国有林场）开展了林业碳汇交易试点。截至 2021 年 8 月 10 日，福建省完成备案申请的林业碳汇项目共 123.9 万亩，碳汇量为 347.3 万吨，已成交 283.9 万吨，成交额为 4182.9 万元，成交量和成交额均居全国首位 [1]。

---

[1]　冯雪珠. 福建碳储量超 4 亿吨　林业碳汇交易成交量成交额居全国首位［N］. 福州日报, 2021-08-11（001）.

整体而言，在全国碳市场开市之前，国内 CCER 碳汇价格为 10 ~ 30 元 / 吨二氧化碳当量，高于其他专业领域的 CCER 价格。

全国碳市场自 2021 年 7 月 16 日开市之后，CCER 市场火爆。究其原因，一方面，之前获得国家主管部门签发的 CCER 数量不多，大约有 8000 万吨，且之前试点及碳中和大概使用了 3000 多万吨，所剩的 CCER 资源有限；另一方面，CCER 项目及减排量备案审核工作自 2017 年 3 月 14 日开展以来，没有新的 CCER 获得签发，碳市场没有补充新的 CCER 资源。加之，全国碳市场第一个履约期内国家对项目类型和 CCER 产生时间未做要求，因此出现 CCER 价格比 2020 年年底上涨 10 多倍的情况，购买 CCER 好似大海"寻宝"，出现了"一碳难求"的火热场面。

对于今后 CCER 价格的走势，李金良教授认为，鉴于国家政策允许进入全国碳市场并用于重点排放单位减排履约的 CCER 专业领域大幅压缩，仅仅剩下可再生能源、碳汇和甲烷三类，加上国家碳达峰碳中和战略的不断贯彻落实，国家分配的配额将逐渐减少，可以用于履约抵消的 CCER 市场需求将会更加旺盛，CCER 碳汇价格很有可能随着市场需求的增加而水涨船高。总之，未来碳汇 CCER 价格大概率看涨。

2. CCER 项目案例

（1）CCER 案例：广东长隆碳汇造林项目

广东长隆碳汇造林项目是全国第一个成功开发和交易的 CCER 林业碳汇项目[①]。该项目在原国家林业局和广东省林业厅的支持下，由中国绿色碳

---

① 李金良. 中国林业温室气体自愿减排项目案例［M］. 北京：中国林业出版社，2016.

汇基金会和广东省林业调查规划院提供技术服务，是根据国家发展改革委备案的方法学（AR–CM–001–V01 碳汇造林项目方法学）开发的全国第一个可进入碳市场交易的中国林业温室气体自愿减排项目。在中国绿色碳汇基金会广东碳汇基金的支持下，广东翠峰园林绿化有限公司于 2011 年在广东省五华县、兴宁市、紫金县和东源县的宜林荒山地区实施碳汇造林 13000 亩，以樟树、荷木、枫香、山杜英、相思、火力楠、红锥、格木、黎蒴 9 个树种随机混交造林。项目计入期 20 年（2011 年 1 月 1 日—2030 年 12 月 31 日），预计产生碳汇减排量 34.7 万吨二氧化碳当量，年均减排量为 1.7 万吨二氧化碳当量。

　　该项目是全国第一个成功获得国家气候变化主管部门批准注册和签发的 CCER 林业碳汇项目，也是第一个成功完成碳汇交易的 CCER 林业碳汇项目，真正实现了林业生态效益的货币化，探索了将绿水青山变成金山银山的新途径。

　　该项目对于推进可持续发展具有重要意义：①通过造林活动吸收、固定二氧化碳，产生可测量、可报告、可核查的温室气体减排量，发挥碳汇造林项目的试验和示范作用；②增强了项目区森林生态系统的碳汇功能，加快了森林恢复进程，控制了水土流失，保护了生物多样性，减缓了全球气候变暖趋势；③增加了当地农户的收入，促进当地经济社会的可持续发展。

　　与此同时，该项目还具有重要的现实意义。该项目是全国首个成功开发的 CCER 林业碳汇项目，并且实现了国内首笔 CCER 林业碳汇交易，为我国今后开发 CCER 林业碳汇项目、开展 CCER 碳汇交易提供了真实案例、学习样板和项目经验，培养了专业的人才队伍，量化了碳汇生态产品，探索了碳汇交易实现途径，实现了碳汇生态产品价值的货币化转换，增强了国内开展林业碳汇开发和交易的信心，对推动我国林业碳汇开发和交易具有重要意义。

该项目开发和交易情况如下：

2010年9月，广东翠峰园林绿化有限公司委托广东省林业调查规划院开展广东长隆碳汇造林项目作业设计工作；

2010年10月，广东省林业调查规划院编制完成《广东长隆碳汇造林项目作业设计》；

2010年11月，广东省林业厅下发《关于广东长隆碳汇造林项目作业设计的批复》；

2011年1月，签署《广东长隆碳汇造林项目施工合同书》，造林开工。

2013年11月，按照国家发展改革委备案的方法学（AR-CM-001-V01碳汇造林项目方法学）的要求，开发、完成项目设计文件（第01版）；

2014年7月2日，项目通过了在国家发展改革委备案的自愿减排交易项目审定与核证机构中环联合（北京）认证中心有限公司（CEC）负责的独立审定，完成了项目设计文件（第03版）；

2014年7月21日，成功获得国家发展改革委的项目备案（注册）；

2015年3—5月，开展第一监测期（2011年1月1日—2014年12月31日）减排量监测、核证工作，完成项目核证报告，修改完成项目监测报告（第03版）；

2015年5月25日，项目第一监测期获得国家发展改革委项目减排量备案（签发），签发了首期 CCER，并且全部由参加广东碳交易试点的控排企业广东省粤电集团有限公司购买以用于减排履约。

（2）FFCER 案例：福建南平建阳区国有林场森林经营碳汇项目

建阳区国有林场森林经营碳汇项目是福建省首批开发和交易的福建林业碳汇（FFCER）项目。根据项目设计文件、监测报告、审定报告和核证报告，该项目属于森林经营类的 FFCER 项目，由福建省建阳林业总公司投资建设和运营。该项目位于福建省南平市建阳区境内，项目小班地块分布于大阐采育场、坤中采育场、溪东采育场、绿盛林场等 13 个国有采育场（林场），森林经营规模为 9468.9 公顷（14.2 万亩），项目周期为 20 年。该项目通过抚育间伐、施肥等综合措施改善林分营养空间，加快人工林的生长，获得比基线情景更大的增汇收益。该项目在 20 年计入期内预计产生的碳汇减排量为 44.5 万吨二氧化碳当量。该项目已经获得福建省主管部门备案和首个核查期减排量签发。首个核查期（2007 年 1 月 1 日—2017 年 4 月 30 日）获得签发的碳汇减排量 FFCER 为 40 万吨二氧化碳当量，并完成了碳汇交易。

该项目具有重要意义：①通过森林经营活动增加了可交易的碳汇减排量，发挥了森林经营碳汇项目的试验和示范作用；②增强了项目区的碳汇功能，有效控制了水土流失，调节了气候，保护了生物多样性，提升了生态系统的服务功能；③通过森林经营提高了林分生物量和当地环境承载力，为从事生态旅游、林下经营等活动提供了基础保障，发挥了生态产业在山区经济发展中的积极作用，在提高农民经济收入的同时增强了其环境保护意识，推动了地方经济社会的可持续发展。

该项目开发和交易情况如下：

2006 年 5 月，依据《福建省森林经营方案编制技术规定》编写《福建省建阳林业总公司森林经营方案》；

2006 年 7 月 10 日，建阳市林业局批准实施《福建省建阳林业总公司森林经营方案》；

2017 年 5 月 16 日，按照 FFCER 项目相关规定和森林经营碳汇方法学要求，开发、完成项目设计文件（第 1 版）；

2017 年 6 月 13 日，在福建省林业厅专门网站完成项目设计文件公示；

2017 年 4—5 月，开展项目审定工作，完成项目审定报告，完成项目设计文件（第 4 版）；

2017 年 4—5 月，开展第一监测期项目监测，完成项目监测报告（第 1 版），并于 2017 年 6 月 13 日完成项目监测报告公示；

2017 年 5—9 月，开展第一监测期减排量核证工作，完成项目核证报告，修改完成项目监测报告（第 4 版）；

2017 年 12 月，获得主管部门项目备案和第一核查期减排量签发；

2017—2018 年，在福建海峡股权交易中心碳交易平台开展碳汇减排量交易，用于福建省碳交易试点控排企业减排履约。

（六）其他碳汇交易进展和项目案例

1. 中国绿色碳汇基金会 CGCF 碳汇项目

实际上，除了 CDM 碳汇项目、VCS 碳汇项目和 CCER 碳汇项目交易，在国家开展碳交易试点之前或初期，国内还率先探索开展了林业碳汇交易试点，为我国开发林业碳汇项目有关方法学和开展碳汇交易探索了路径、积累了经验、奠定了基础，具有重要的意义。此处选取笔者参与开展的3个林业碳汇交易试点工作进行分享。

（1）造林碳汇交易试点

2011年，我国率先开展了全国林业碳汇交易试点[①]。阿里巴巴等10家单位通过"全国林业碳汇交易试点平台"华东林业产权交易所，购买了中国绿色碳汇基金会（CGCF）的6个碳汇造林项目的碳汇指标14.8万吨，用于企业或组织机构自愿减排、履行社会责任、为应对气候变化做贡献，成交单价为18元／吨二氧化碳当量。

（2）森林经营碳汇交易试点

2013年6月，我国开展了全国首个森林经营项目碳汇交易试点[②]，中国绿色碳汇基金会发布了国内首个森林经营增汇减排项目方法学。通过"全国林业碳汇交易试点平台"华东林业产权交易所，河南勇盛万家豆制品公司签约购买伊春森林经营碳汇试点项目的碳汇减排量6000吨，用于自愿减排、实践碳中和，成交单价为30元／吨二氧化碳当量。

（3）农户森林经营碳汇交易试点

2014年10月，中国绿色碳汇基金会开展了农户森林经营碳汇交易试点，发布了全国首个农户森林经营碳汇交易体系——临安农户森林经营碳汇交易体系。通过"全国林业碳汇交易试点平台"华东林业产权交易所，建行

① 第一财经. 全国林业碳汇交易试点正式启动［EB/OL］.（2011–11–02）［2022–03–18］.https://finance. sina.com.cn/roll/20111102/012110736041.shtml.

② 朱丽. 国内首个森林经营增汇减排项目方法学发布［N］. 科技日报，2013–06–04（002）.

浙江省分行购买了 42 户农民的森林经营碳汇 4285 吨，用于大楼办公碳中和，开展了碳中和银行实践，获得了中国绿色碳汇基金会颁发的碳中和证书，成交单价为 30 元 / 吨二氧化碳当量。

2. 广东省林业碳普惠项目

2017 年开始广东省积极探索运用市场机制——碳普惠核证机制（PHCER），配置碳排放权资源，进行碳排放权交易试点。林业碳普惠在广东省碳排放权交易体系试点和精准扶贫政策中具有重要作用。依据备案的广东省林业碳普惠核证减排量方法学开发的项目减排量（PHCER）可以进入广东省的碳排放权交易市场，抵消控排企业的碳排放量。广东省林业碳普惠方法学规定了在管护和经营森林的过程中，以林业主管部门的森林资源二类调查数据为基础实施林业增汇行为产生的碳普惠核证减排量的核算流程和方法。这一核算方法较为简单，碳汇核算过程不用进行实地样地调查监测，成本较低，具有较好的扶贫和补偿效果。

林业增汇行为是加强森林抚育、减少采伐、灾害防护、可持续经营管理等提高森林碳汇水平的措施。该方法学的适用范围如下：①已开展碳普惠制试点工作地区中由广东省主体功能区规划确定的生态发展区域；②全省省定贫困村；③全省革命老区、原中央苏区和民族地区。

根据笔者在广东省的调研统计结果，截至 2021 年年底，广东省累计开发并获得备案的碳普惠林业项目有 134 个，签发减排量为 177.08 万吨二氧化碳当量。现场或网上竞价交易约为 162.93 万吨二氧化碳当量，成交金额为 3924.98 万元，均价为 24.09 元 / 吨二氧化碳当量。此外，协议转让的单价为 11 ～ 17 元 / 吨二氧化碳当量。累计成交情况如下：广东省碳普惠林业碳汇累计成交量为 502.47 万吨，累计成交金额为 1.15 亿元，均价为 22.87 元 / 吨二氧化碳当量。

广东省林业碳普惠交易实践将林业碳汇交易与生态功能区、革命老区、省级定点贫困村的减贫工作有机结合起来，并且采用成本较低的森林资源规划设计调查数据作为碳汇核算的方法，具有一定的参考借鉴价值。

五、本章小结

压低峰值、实现碳中和的路径主要有三条：一是大幅节能降碳减排；二是开展能源变革，大幅增加以可再生能源为主的非化石能源使用比例，并逐步替代化石能源；三是增加林业碳汇等人为吸收汇，从而中和由不得不用的化石能源产生的碳排放。"提升生态系统碳汇增量""碳汇能力巩固提升行动"是国家碳达峰碳中和战略的重要任务和重大行动。为贯彻落实碳达峰碳中和重大战略决策，本章介绍了碳汇基本常识，分析了中国林业碳汇潜力及其对碳达峰碳中和的贡献、中国陆地生态系统碳汇潜力和贡献，以及增加中国生态系统碳汇的主要途径，介绍了林业碳汇项目的种类，以 CCER 碳汇项目开发为例阐述了林业碳汇项目的开发流程、交易流程，分享了我国 CDM、VCS、CCER 及其余类型的林业碳汇交易进展和项目案例，对于推进碳汇生态产品的价值实现、打通绿水青山向金山银山价值转化的渠道、贯彻落实国家碳达峰碳中和战略目标具有重要意义。

➲ 第七章 碳定价机制

　　《京都议定书》的生效促使各国和各地区为实现碳减排目标纷纷建立碳市场。时至今日，全球已经产生了数十个碳定价机制，作为碳减排的有效工具正服务于不同国家和地区的碳市场，为实现《巴黎协定》2℃温控目标做出了积极贡献。碳市场在实现碳达峰碳中和战略目标的过程中发挥着重要作用，具有重要的现实意义。作为一种涉及成本效益的政策工具，碳定价将气候变化成本纳入经济决策，鼓励转变生产和消费方式，提高生产力和创造力，从而促进了低碳发展。建立健全碳定价机制是保障碳市场健康、有效运行的关键。本章在分析国际碳定价机制的进展与趋势的基础上，总结了碳定价机制的经验和启示，探讨了中国碳定价机制的进展和发展趋势，提出了助推中国碳达峰碳中和战略目标实现的碳定价机制建设的理论、路线图和政策建议。

一、国际碳定价机制的进展和趋势

　　当前，正值各国政府着眼重振经济之际，绿色复苏是确保碳排放迅速下降的关键。2020 年，随着中国向世界宣布了"3060"目标，世界各国对 21 世纪中叶净零排放承诺的关注显著增强，发出诸如"清零竞赛"和"气候雄心联盟"等倡议。截至 2020 年 12 月，已有 200 多个国家和地区、800 多个城市和 1541 家公司承诺在 21 世纪中叶之前实现脱碳 ①。各国通过碳市场交易进行绿色投资以释放短期信号，促进创造就业机会和恢复经济增长，并带来稳定的经济脱碳长期收益，从而实现与《巴黎协定》温控目标保持一致所需的 2030 年减排量，以及远期的净零碳承诺。

　　各国政府根据自身经济发展实际需要建立适应本国发展的碳定价机制。碳定价机制的本质是将温室气体排放权看作一种可以买卖的商品，并确定其在碳市场上的交易价格，国际上一般以"美元 / 吨二氧化碳当量"为单位。国际碳定价机制主要包括碳税、碳信用机制、碳排放交易体系、内部碳定价、基于结果的气候金融，其中前三项应用得较为普遍。以征收税款的途径来确认商品的碳价值就是碳税。而企业在政府规定的强制性排放限额以内进行配额排放就是碳排放交易体系。与之相应的，企业通过自愿减排的方式抵消掉自身的碳排放就是碳信用机制。内部碳定价是指企业内部将气候因素纳入考量范围，明确温室气体排放的价值。而基于结果的气候金融则属于气候金融领域，可概括为当受资方按照约定气候目标完成受资项目后，投资方向其支付的款项。

---

① Data-Driven，NewClimate Institute.Accelerating net zero：exploring cities, regions, and companies' pledges to decarbonize[R/OL]. (2020-09-21) ［2022-03-18］. https://newclimate.org/wp-content/uploads/2020/09/NewClimate_Accelerating_Net_Zero_Sept2020.pdf.

（一）碳排放交易体系和碳税

根据世界银行发布的《碳定价机制发展现状与未来趋势》报告，全球的碳定价机制共 65 个，其中包括碳排放交易体系 30 个和碳税 35 个（表 7-1 和表 7-2），涵盖了世界温室气体总排放量的 21.4%，比 2020 年的覆盖率 15.1% 有显著增长。这种增长归因于中国推出了国家碳排放交易体系。2020 年，碳定价工具产生了巨大的经济利益，全球收入高达 530 亿美元，比 2019 年增长了 80 亿美元，主要由欧盟配额的碳价格上涨带来[①]。本节就全球主要碳交易体系、碳税、交易价格进行阐述，以期为中国碳定价机制的建立提供做法借鉴和经验启示。

表 7-1   全球已实施的碳交易体系目录

序号	国家或地区	碳定价机制名称	建立时间 / 年	2021 年碳价 /（美元 / 吨二氧化碳当量）
1	欧盟	欧盟碳排放交易体系	2005	49.8
2	加拿大	艾伯塔省技术创新与减排计划	2007	31.8
3	瑞士	瑞士碳排放交易体系	2008	46.1
4	新西兰	新西兰碳排放交易体系	2008	25.8
5	美国	区域温室气体减排倡议	2009	8.7
6	日本	东京总量控制与交易体系	2010	4.9
7		埼玉碳排放交易体系	2011	5.4
8	美国	加利福尼亚州总量控制与交易体系	2012	17.9
9	加拿大	魁北克省总量控制与交易体系	2013	17.5
10	哈萨克斯坦	哈萨克斯坦碳排放交易体系	2013	1.2

① 世界银行.2021 年碳定价机制发展现状与未来趋势 [EB/OL]. (2021-05-25)［2022-03-18］.https://www.worldbank.org.

续表

序号	国家或地区	碳定价机制名称	建立时间 / 年	2021 年碳价 /（美元 / 吨二氧化碳当量）
11	中国	深圳试点碳排放交易体系	2013	1.1
12		上海试点碳排放交易体系	2013	6.3
13		北京试点碳排放交易体系	2013	4.3
14		广东试点碳排放交易体系	2013	5.7
15		天津试点碳排放交易体系	2013	3.8
16		湖北试点碳排放交易体系	2014	4.4
17		重庆试点碳排放交易体系	2014	3.7
18	韩国	韩国碳排放交易体系	2015	15.9
19	加拿大	不列颠哥伦比亚省温室气体工业报告和控制法案	2016	19.9
20	中国	福建试点碳排放交易体系	2016	1.2
21	加拿大	安大略省总量控制与交易体系	2017	—
22	美国	马萨诸塞州碳排放交易体系	2018	6.5
23	加拿大	加拿大联邦基于产出的碳定价体系	2019	31.8
24		新斯科舍省总量控制与交易体系	2019	19.7
25		萨斯喀彻温省基于产出的碳定价体系	2019	31.8
26		纽芬兰和拉布拉多省绩效标准体系	2019	23.9
27	墨西哥	墨西哥试点碳排放交易体系	2020	—
28	德国	德国碳排放交易体系	2021	29.4
29	中国	中国全国碳排放交易体系	2021	—
30	英国	英国碳排放交易体系	2021	—

资料来源：根据世界银行碳定价机制报告 2020 — 2021 年的资料整理。

表 7-2   全球已实施的碳税目录

序号	国家或地区	碳定价机制名称	实施年份 / 年	2021 年碳价 / （美元 / 吨二氧化碳当量）
1	芬兰	芬兰碳税	1990	62.3 ～ 72.8
2	波兰	波兰碳税	1990	0.1
3	挪威	挪威碳税	1991	3.9 ～ 69.3
4	瑞典	瑞典碳税	1991	137.2
5	丹麦	丹麦碳税	1992	23.6 ～ 28.1
6	斯洛文尼亚	斯洛文尼亚碳税	1996	20.3
7	爱沙尼亚	爱沙尼亚碳税	2000	2.3
8	拉脱维亚	拉脱维亚碳税	2004	14.1
9	瑞士	瑞士碳税计划	2008	101.5
10	列支敦士登	列支敦士登碳税	2008	14.1
11	加拿大	不列颠哥伦比亚省碳税	2008	35.8
12	冰岛	冰岛碳税	2010	19.8 ～ 34.8
13	爱尔兰	爱尔兰碳税	2010	39.3
14	乌克兰	乌克兰碳税	2011	0.4
15	日本	日本碳税	2012	2.6
16	英国	英国碳交易价格下限控制	2013	24.8
17	法国	法国碳税	2014	52.4
18	墨西哥	墨西哥碳税	2014	0.4 ～ 3.2
19	西班牙	西班牙碳税	2014	17.6
20	葡萄牙	葡萄牙碳税	2015	28.2
21	美国	华盛顿清洁空气法案	2017	—
22	智利	智利碳税	2017	5
23	哥伦比亚	哥伦比亚碳税	2017	5
24	阿根廷	阿根廷碳税	2018	5.5
25	新加坡	新加坡碳税	2019	3.7

续表

序号	国家或地区	碳定价机制名称	实施年份 / 年	2021 年碳价 /（美元 / 吨二氧化碳当量）
26	加拿大	纽芬兰和拉布拉多省碳税	2019	23.9
27		加拿大联邦燃料附加费	2019	31.8
28		爱德华王子岛碳税	2019	23.9
29	南非	南非碳税	2019	9.2
30	加拿大	西北地区碳税	2019	23.9
31		新不伦瑞克省碳税	2020	31.8
32	卢森堡	卢森堡碳税	2021	23.5 ~ 40.1
33	荷兰	荷兰碳税	2021	35.2
34	墨西哥	下加利福尼亚州碳税	2021	—
35		塔毛利帕斯州碳税	2021	—

资料来源：根据世界银行碳定价机制报告 2020—2021 年的资料整理。

1. 全球主要碳排放交易体系概述

（1）欧盟碳排放交易体系

2005 年，欧盟碳排放交易体系（EU-ETS）开启，这是全球启动最早、在中国全国碳市场启动之前交易规模最大的碳排放交易体系。该交易体系是欧盟应对气候变化政策的基石和实现减排目标的关键政策手段[①]。2020 年，欧盟碳市场的排放总量上限为 18.16 亿吨，占欧盟总排放量的 45%，覆盖行业包括电力行业、制造业和航空业。欧盟碳交易体系启动以来历经四个阶段：第一和第二阶段与《京都议定书》首个履约阶段相对应，该阶段对机制设计、配额控制、碳排放核算等进行规范，为试验调整期；第三阶段

---

① 盛春光. 中国碳金融市场发展机制研究［M］. 北京：科学出版社，2015.

与《京都议定书》第二个履约阶段相对应，建立了专门的第三方核查机构，着重调整分配碳配额，尝试将欧盟碳排放交易体系与瑞士碳交易体系进行对接，给区域碳交易体系链接提供了重要的范本；第四阶段与《巴黎协定》2021—2030年的减排目标相对应，在总结前三个阶段的经验教训后，进一步收紧了配额总量。英国脱欧后，于2021年1月1日开启碳交易体系。

（2）中国全国碳排放交易体系

中国早在2010年就在《国务院关于加快培育和发展战略性新兴产业的决定》中明确提出，要建立和完善主要污染物和碳排放交易制度。此后，北京、天津、上海、重庆、湖北、广东、深圳、福建等地开展了碳排放权交易试点。2017年12月18日，国家发展改革委贯彻落实《全国碳排放权交易市场建设方案（发电行业）》，全国统一的碳市场建设拉开帷幕。经过4年的筹备，2021年7月16日，全国碳排放交易体系正式启动上线交易。生态环境部新闻发言人在2021年12月例行新闻发布会上介绍，截至2021年12月22日，碳市场共纳入2162家发电行业重点排放单位（年均能耗在1万吨标准煤以上），年覆盖约45亿吨二氧化碳当量，碳排放配额累计成交量为1.4亿吨，累计成交额为58.02亿元，中国全国碳市场成为全球交易规模最大的碳市场。中国全国碳排放交易体系的启动对于引导相关行业企业转型升级，建立健全绿色低碳循环发展的经济体系，构建市场导向的绿色技术创新体系，促进我国经济实现绿色低碳和更高质量的发展起到积极的推动作用。

（3）新西兰碳排放交易体系

新西兰碳排放交易体系（NZ-ETS）开始于2008年，是欧盟之外第二个强制实施的碳交易体系。该交易体系覆盖行业广泛，包括电力、工业、航空、交通、建筑、废弃物及林业，覆盖范围产生了 3800 万吨碳排放量，大约占新西兰排放总量的 51%。2015 年 6 月，为与《巴黎协定》的减排任务保持一致，新西兰碳排放交易体系升级为国家碳排放交易体系，并于 2019 年重新修订了碳排放交易体系。2020 年 6 月，新西兰政府推出新法令加强碳减排计划，碳价应声上涨，创下了历史新高。

（4）美国区域温室气体减排倡议

2008 年美国正式启动覆盖美国东部 10 个州的区域温室气体减排倡议（RGGI）。该交易体系仅纳入了电力行业，覆盖的碳排放总量为 8700 万吨（2020 年），约占该地区碳排放总量的 18%，其初始配额分配采用按季度拍卖的方式。参与该交易体系的各州政府定期开展碳交易体系的审查，对该交易体系设计中涉及的二氧化碳减排、灵活机制、规则、增加贸易伙伴、配额拍卖和跟踪系统等方面进行改革，每次改革都能释放坚定的减排信号，起到提振市场信心、稳定碳价的作用。此外，该交易体系的覆盖范围不断拓展，新泽西州于 2020 年 1 月重新加入该交易体系，弗吉尼亚州于 2021 年年初加入，宾夕法尼亚州最早将在 2022 年加入。

（5）加利福尼亚州总量控制与交易体系

加利福尼亚州总量控制与交易体系覆盖的碳排放总量为 3.89 亿吨（2020 年），约占该地区排放总量的 80%，覆盖部门包括电力行业、制造业、交通和建筑。2016 年 9 月，加利福尼亚州州长签署 SB 32 法案，确定了该州 2030 年较 1990 年温室气体减排 40% 的气候目标。2017 年 7 月，加利福尼亚州议会通过了 AB 398 和 AB 617 法案，将该州总量控制与交易计划延长到 2030 年，"加利福尼亚州气候变化范围界定计划"至少每 5 年更新一次，并每年向立法机关和各相关委员会提供年度报告。加利福尼亚州总量控制与交易体系在拍卖中设定了价格下限，该价格下限从 2012 年 10 美元 / 吨二氧化碳当量上涨到 2020 年 16.68 美元 / 吨二氧化碳当量。拍卖价格下限等于或接近拍卖结算价，保证了履约成本的相对适中。

（6）韩国碳排放交易体系

2015 年 1 月，韩国正式启动了覆盖钢铁、炼油、水泥、能源、建筑、石油化工及废弃物处理和航空业的碳交易体系，纳入的碳排放量为 5.48 亿吨（2020 年），约占韩国总排放量的 70%。韩国碳排放交易体系的建立分为 3 个阶段：2015—2017 年、2018—2020 年、2021—2025 年。配额分配方式从免费发放到后来增加了以有偿拍卖为辅的方式。2016 年 2 月，韩国碳排放交易体系主管部门由企划财政部接替环境部，此时韩国碳配额相对短缺。2017 年 4 月，韩国政府宣布采取措施解决配额供不应求的局面。2019 年，韩国政府发布了第三阶段碳排放交易体系改革方案，计划设定更严格的排放上限，逐步提高拍卖比例，刺激碳价上涨。2020 年上半年，在电力部门减排的推动下，韩国碳配额供过于求，碳价持续下跌；2020 年下半年，受益于韩国提出 2030 年减排目标及 2050 年碳中和目标，碳价有所回升。

2. 全球主要碳税概览

（1）芬兰碳税

芬兰于 1990 年开征碳税，是全球最早征收碳税的国家。经过三次改革，其碳税政策逐渐走向成熟，税率逐渐下调至合理水平。芬兰对工业企业及家庭都征收碳税，其税基从能源产品中的含碳量发展为二氧化碳的排放量。

从芬兰碳税的经验来看：一是碳税的开征以征税对象的含碳量为标准，实行税率逐步提高的原则，家庭和企业实行不同的税率；二是征税范围较广，涵盖能源产品、石油、燃料等，在税负比例上消费环节的税负较重；三是芬兰将征收的碳税一方面用来降低所得税及劳动者的税负，另一方面用来弥补财政收入，这一举措能够减缓碳税的征收带给低收入群体的不利影响；四是为了确保碳税的征收顺利，以及保持本国在国际上的竞争水平，相继出台了包括补贴节能项目及对电力生产实施低税率等多项税收优惠政策。

（2）日本碳税

日本于 2007 年开始征收碳税，并于 2011 年 10 月将其改为附加税（石油和煤炭税的附加税）。日本的碳税改革一方面避免了重复征税，降低了征税成本；另一方面降低了社会各界的抵触心理，有效降低了碳税对经济的负面影响。与北欧一样，日本对生产和消费征收碳税，征税对象涵盖企业、工厂、家庭及办公场所，全民参与是日本碳税的显著特点。除煤炭和石油税外，能源和化石燃料的税款将取决于其二氧化碳排放量。碳税的初始税率较小，并根据化石燃料和能源产品类别实行差别税率，分阶段提高税率，避免了税率飙升对国民经济和民生的不利影响。碳税收入主要用于补贴能源、构建低碳城市及助力环保政策的实施。通过制定完善、配套的碳税减免制度可以降低碳税带给居民和经济的负面影响，发挥碳税的最优效应。

（3）加拿大碳税

加拿大境内最早开征碳税的省份为不列颠哥伦比亚省（以下简称 BC 省）。BC 省于 2008 年通过了《碳税法》，为了鼓励个人、商业机构、工业产业等部门减少使用化石能源，进而降低温室气体排放 [1]，将消费化石能源的群体尽可能地纳入征收范围。BC 省采用在化石燃料销售环节征收碳税方式。为了给家庭和商业机构预留适应的过渡时间，碳税的初始税率相对较低，设为 10 加元 / 吨二氧化碳当量，之后每年增加 5 加元 / 吨二氧化碳当量，直到 2012 年碳税税率达到 30 加元 / 吨二氧化碳当量，这个碳税税率一直持续到 2018 年，2021 年的碳价为 35.8 美元 / 吨二氧化碳当量。

2019 年，加拿大政府推出联邦燃料附加费，主要针对没有与联邦政府签订协议制定减排措施的省份，初始碳价为 20 加元 / 吨二氧化碳当量，此后每年上涨 10 加元 / 吨二氧化碳当量，2022 年上涨至 50 加元 / 吨二氧化碳当量后封顶。联邦政府承诺把 90% 的碳税收入以退税的形式返还给纳税人，剩余的 10% 将用于支持特殊部门，如学校、医院、小企业、大学和本土社区。偏远社区的柴油发电和航空燃料利用将获得碳税的完全豁免。2021 年，碳价达到 40 加元 / 吨二氧化碳当量。

3. 综合分析

总结全球碳排放交易体系和碳税市场的整体情况，虽然 2020 年的碳交易收入大幅上涨，且一半以上投资于绿色、低碳的环保领域。但从碳价来看，不论是碳排放交易体系的价格，还是碳税的价格都远低于实现《巴黎协定》2℃温控目标所需的价格范围（40 ～ 80 美元 / 吨二氧化碳当量）[2]，全

---

[1]   王吉春，宋婧. 能源企业产业发展视域下我国碳税立法框架建议——结合加拿大英属哥伦比亚省碳税实施经验［J］. 经济研究参考，2019（7）：99–109.

[2]   此为世界银行高级别委员会碳价格报告（2017）建议的 2020 年价格范围，该水平的碳价格不足以产生实现《巴黎协定》目标所需的速度和规模的变化，需要补充其他政策作为综合气候变化组合的一部分。

球超过该预设价格范围的排放量仅占碳排放总量的3.76%。如果要达到《巴黎协定》温升控制在1.5℃范围内的目标，碳价在未来10年要达到160美元/吨二氧化碳当量[①]。由此推断，为实现《巴黎协定》温控目标，作为减排的有效工具，全球碳市场定价机制将进一步完善，不断增强碳定价机制的有效性，提高碳市场交易价格；同时，还应采用征收碳税的方式，合理确定碳税价格，双管齐下，倒逼企业向绿色低碳转型升级，通过节能降碳技术、可再生能源等减少温室气体排放，切实降低全球的温室气体排放总量，真正实现减缓气候变化、使我们的星球生生不息的愿望。

（二）碳信用机制和内部碳定价

1. 碳信用机制

碳信用机制主要由国际机制、独立机制和国内机制组成。其中，在国际法律文件制约下的国际机制通常由国际机构管理，如清洁发展机制（CDM）和联合履约机制（JI）；而由私人和独立的第三方组织管理、不受国际条约及国家法规约束的是独立机制，第三方组织往往是非政府组织，如黄金标准（GS）和国际核证碳减排标准（VCS）；国内机制由各司法辖区内立法机构管辖，通常由区域、国家或地方各级政府进行管理，如澳大利亚减排基金（Australia emissions reduction fund）和美国加利福尼亚州配额抵消计划（Compliance offset program）。

上述三种碳信用机制都通过签发碳信用来抵消碳排放。碳信用机制在

---

① 根据Woodmac最近的一项研究，碳价在未来10年达到160美元/吨二氧化碳当量，方可实现1.5℃的目标。

项目开发和核证后，通过签发碳信用获得可交易的减排量。碳信用可以通过"抵消"的方式使用，也就意味着一个实体产生的减排量可用于补偿（抵消）另一个实体的排放量。碳信用不仅可以用来抵消碳税或碳排放权交易机制下履约实体的碳排放量，还可以自愿在市场上进行交易，帮助组织和个人进行碳中和。除减排收益外，产生碳信用的项目还可获得额外的协同效益。

截至2020年年底，全球登记在册的碳信用项目共计18664个[①]，签发碳信用总量约为43亿吨二氧化碳当量，占全球温室气体排放量的7.9%[②]（图7-1）。

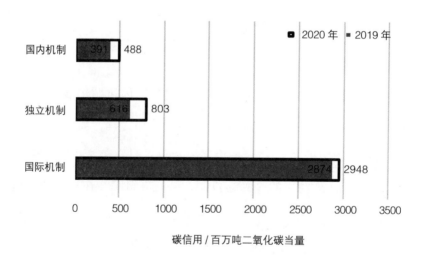

图 7-1　累计发放碳信用情况（2019—2020 年）

（资料来源：世界银行，碳定价机制发展现状与未来趋势，2021 年）

---

① 该数字还包括减排活动规划。在可能的情况下，由同一减排活动规划下的项目构成的活动按其各自的减排活动规划进行分组和计数。由于某些项目只在碳信用机制下登记（CDM 项目也可以在独立机制如 VCS、GS 和 CDM 预登记碳信用下注册），实际注册的项目数量要少一些。

② 使用 EDGAR 的 2015 年温室气体排放数据计算。

迄今为止，全球一半以上的碳信用由 CDM 签发。过去 30 年里，3/4 已签发的碳信用来自工业气体、可再生能源和逸散性排放项目。2020 年，独立的信用机制占全部碳信用签发量的 50%，如 VCS 和 GS。2021 年 11 月 13 日，联合国气候变化格拉斯哥大会（COP26）明确了《巴黎协定》6.4 条的有关规则，将其暂称为可持续发展机制（SDM）。此次会议之前，虽然 CDM 的未来存在不确定性，但 CDM 项目碳信用签发量仍增加了 3%，所有主要标准的碳信用签发量都有所增加，这预示着碳信用市场进入牛市阶段。

2019 年，自愿碳信用市场买家需求超过[①] 1.04 亿吨二氧化碳当量，比 2018 年增长了 6%。需求的大量增加主要来自 VCS 和 CDM 项目，这些需求为项目开发商带来了稳定的收入。在开发商采用独立信用标准注册的项目中，有近 3/4 待签发的碳信用已经被买家预订。这种现象充分表明，由于 CDM 市场受《巴黎协定》谈判的政策影响，开发商将目光转向自愿碳市场开发碳信用。在绿色低碳的背景下，企业更愿选择自愿碳市场购买碳信用以在碳中和目标下履行企业的社会责任，树立良好的社会形象。此外，随着各国对企业碳减排约束力的增强，碳信用在企业净零排放中能够以较低的成本完成减排履约目标，使企业使用签发的碳信用进行抵消，但抵消比例和质量受到严格限制。以上两方面都预示着碳信用的需求将持续增长。

2. 内部碳定价

内部碳定价是指企业将温室气体减排责任纳入生产经营决策过程，并作为财务决策的价格依据，从而推动自身向低碳领域转型。企业制定内部

---

① 生态系统市场.自愿碳市场状况 2020 年报告［R/OL］.（2020-02-01）［2022-03-25］.https://www.ecosystemmarketplace.com/carbon-markets.

碳定价可以优先考虑投资机会并促进绿色金融[①]。随着各国提出和更新国家自主贡献，各领域、各行业都面临着巨大的减排压力，企业投资、融资等金融活动及监管机构都开始转向绿色低碳领域。因此，企业制定内部碳定价是有效提高能源利用效率、抵抗碳风险、管理碳预算的有效途径。

内部碳定价主要以影子碳定价、隐性价格和内部碳费用三种形式为主。企业内部碳定价的价格因不同地区、不同部门会有较大差别。根据世界银行碳价格高级别委员会的报告，所有采用内部碳定价机制的企业的碳价平均数并没有达到《巴黎协定》温控目标所需要的价格[②]（40～80美元/吨二氧化碳当量），只有16.1%的企业在此范围内，另有9.8%的企业的碳价超过这一范围[③]。总体来看，虽然目前内部碳定价均值没有达到《巴黎协定》温控目标的标准，但其仍表现出不断上涨的趋势。

从国际上看，全球环境信息研究中心（CDP）[④]和气候相关财务信息披露工作组（TCFD）[⑤]两个机构是披露公司内部碳定价事项、制定气候相关财务报告框架的权威机构。其中，向CDP披露使用内部碳定价的企业数量达到853家，另有1159家大型企业打算在未来2年内使用内部碳定价机制，2020年比2019年提高了20%，市值翻了4倍。企业通过提供TCFD报告、

[①] 2020年全球环境信息研究中心（CDP）披露。

[②] 世界银行.2017年碳价格高级别委员会报告［R/OL］.（2017-05-29）［2022-03-25］.https://www. carbonpricingleadership.org/report-of-the-highlevel-commission-on-carbon-prices.

[③] 2020年全球环境信息研究中心（CDP）披露。

[④] 全球环境信息研究中心（CDP）是一家总部位于英国伦敦的国际组织，前身为碳披露项目，是全球商业气候联盟的创始成员。CDP致力于推动企业和政府减少温室气体排放，保护水和森林资源。

[⑤] 气候相关财务信息披露工作组（TCFD）于2015年在金融稳定理事会的领导下成立，目的是提供统一有效的气候相关财务报告的框架。

使用内部碳定价机制等手段来评估自身面临的气候风险[①]。可以看出，越来越多的企业将气候风险和机遇纳入长期战略予以考量，将引入内部碳定价机制作为衡量企业气候风险管理的工具[②]，并且认可内部碳定价机制在财务决策过程的重要作用。通过 CDP 披露的内容可以发现，采用内部碳定价的企业业绩有大幅提升。可以预见，未来企业采用内部碳定价将成为行业竞争的重要手段，也将成为其抵御风险、提高自身价值的重要途径，使用内部碳定价将成为企业未来发展的必然趋势。

（三）国际碳定价机制的经验与启示

1994 年 3 月 21 日《公约》开始生效。为了积极应对气候变化问题，各成员方经过近 30 年的共同努力，为全人类探索出一条可持续发展道路。为此，各成员方经过多轮谈判、沟通和协商，通过了一系列具有里程碑意义的法律文件，如《京都议定书》《巴黎协定》等，为各国经济社会的可持续发展、实现人类命运共同体贡献了智慧和力量。在此背景下，全球纷纷建立碳定价机制，希望通过市场机制来实现控制温室气体排放、降低极端气候事件发生、保持全球温升控制在《巴黎协定》需求的 2℃以内的目标。根据前述对碳排放交易体系、碳税、碳信用机制、内部碳定价等内容的分析和探讨，国际碳定价机制在政策法规、机制设计、机制运行等方面积累了

---

① 气候相关财务信息披露工作组（TCFD）. 2020 年现状报告［R/OL］.（2020–10–01）［2022–03–25］. https://www.fsb.org/wp-content/uploads/P291020-1.pdf.

② 例如，新西兰于 2020 年 9 月成为第一个强制要求进行 TCFD 报告的国家。与此同时，英国政府在 2021 年 3 月发起的一次咨询会上要求上市公司、大型私营公司和有限责任合伙企业强制进行与 TCFD 一致的气候相关财务披露的提案征求意见。

大量宝贵的经验，对建立中国的碳定价机制提供了重要经验和启示，为中国这一全球最大的碳市场的健康发展提供了技术支持。

1. 对中国发展全国自愿减排市场的启示

自愿减排市场是各类组织、机构、企业或个人为应对气候变化、履行社会责任、树立良好社会形象和开展自愿减排、碳中和而形成的碳交易市场。自愿减排交易的碳信用一般来自各种自愿减排标准的项目碳信用或自愿减排量（VER），如 VCS、GS、农林减排体系（VIVO）的各种项目碳信用，以及 CCER。目前，全球自愿碳市场交易的产品主要包括国际自愿减排标准的碳信用（如 VCU、GS-VER）、国内自愿减排标准的碳信用（如 CCER、FFCER、PHCER）、联合国清洁发展机制的碳信用（CER）。近年来，清洁发展机制的 CER 交易几乎处于停滞状态。国际自愿减排标准的碳信用交易规模处于全球自愿碳市场的主导地位，比较活跃；其他国家国内的自愿减排标准的碳信用交易以区域为主。而国际自愿减排标准的碳信用（如 VCU）的交易价格受项目来源地影响较大，全球最不发达地区的项目较受欢迎、价格较高。伴随着中国经济的飞速发展，中国项目业主开发的国际自愿减排项目价格偏低。以区域性质为主的国内自愿减排标准的碳信用，由于缺乏统一的标准、质量，交易中价格不透明，导致不同区域的产品难以横向流通和交易。以上这些情况都是中国开展全国自愿碳市场需要防范和规避的问题。

2. 政府"有形之手"对碳定价机制引导的启示

目前，全球碳定价机制的使用和监管都需要政府进行宏观调控。如果只依赖市场发挥作用，这些定价机制最终很难发挥真正的效力。通过政府的引导，对定价机制进行规划、监督、管理，使机制能够朝着规范的方向发展，实现资源的最优配置。实践证明，政府在诸多方面，包括明确产权、总量控制、分析初始分配权、碳市场建立和运行、市场监管等都起着至关重要的作用，对市场从建立到健康发展提供了基本的政策保障。在碳定价机制尚未完全发挥效力前，政府应成为主导，有效引导金融业、社会资本、企业进入碳市场交易，最终实现政府和市场互补的政策体系。

3.对建立全国碳市场定价机制的启示

根据国际经验，建立碳排放交易体系或者碳税都能够起到控制碳排放的目的，但二者也有局限性，且侧重点不同。碳排放交易体系主要约束大型控排企业的温室气体排放；碳税主要从消费端对消费者征收税费。目前，全球有部分国家同时上线了两种定价机制，相互配合可以发挥最大效用。通过碳市场发放配额的方式促进减排，同时鼓励机构投资者、社会公众广泛参与，增加市场资金供给量，增强活跃度，允许碳信用参与全国碳市场交易以抵消碳排放量。碳税征收的关键是定价的合理性，以及如何减轻征收碳税对消费者、国家经济造成的负面影响。

4.对以金融支持碳减排的启示

从国际经验来看，碳排放交易体系的金融产品类型较为丰富，现货、期货相结合，充分发挥期货的价格发现功能，为碳市场的价格预测提供了重要参考[1]。金融机构参与碳市场交易可有效增强市场的流动性和活跃度，提高碳市场价格，从而达到《巴黎协定》的温控目标。此外，金融机构在

---

[1] Sheng C, Zhang D, Wang G, et al. Research on risk mechanism of China's carbon financial market development from the perspective of ecological Civilization [J]. Journal of Computational and Applied Mathematics, 2021, 381（1）: 112990.

自身进行碳减排的同时，通过衡量信贷企业的气候风险将信贷资本转向以低碳为主的项目，以降低自身的信贷风险。中国金融机构应做好相应的准备，提早推出适合自身发展的绿色金融方案。

二、中国碳定价机制的进展和趋势

（一）中国试点碳市场的回顾与展望

1. 总体情况概览

2011 年 10 月，《国家发展改革委办公关于开展碳排放权交易试点工作的通知》（发改办气候〔2011〕2601 号）发布，北京、天津、上海、重庆、湖北、广东和深圳七省（市）获批开展碳排放权交易试点工作。2016 年 12 月，福建作为第 8 个获批的碳交易试点正式上线交易。从 2014 年到 2020 年年底，各试点碳市场配额累计成交量为 4.45 亿吨二氧化碳当量，成交额为 104.31 亿元，成交均价为 21 元 / 吨二氧化碳当量。累计成交量排名前三位的依次是广东、湖北和深圳，累计成交额排名前三位的分别是广东、湖北和北京，而从累计成交量和成交额来看，天津、重庆、福建均处于相对较低的水平（图 7-2 和图 7-3）。从总体来看，试点碳市场初具规模，能够有效运行，发挥自身特点，企业履约率较高。各试点地区根据多年的实践积累了大量关于政策法规制定规则，配额分配方案设计，温室气体排放测量、报告和核查制度建立，以及市场建立和监管等方面的宝贵经验，为全国碳市场的健康发展提供了可借鉴的做法、经验和启示。

试点碳市场根据各自司法管辖区的产业结构和二氧化碳排放情况，设定了不同的纳入行业范围及门槛，其共同点是将电力、钢铁、化工、水泥及石化等在内的传统高耗能产业优先纳入碳市场。初步估算，试点省市碳市场纳入了超过 20 个行业的 2000 家企业，覆盖近 9 亿吨二氧化碳排放量（表 7-3）。

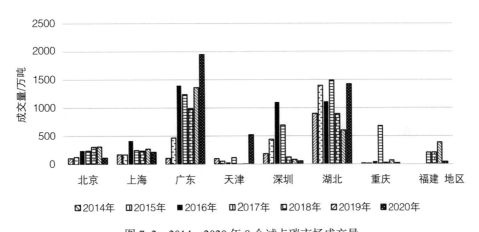

图 7-2　2014—2020 年 8 个试点碳市场成交量

（资料来源：根据 8 个试点碳市场数据资料整理）

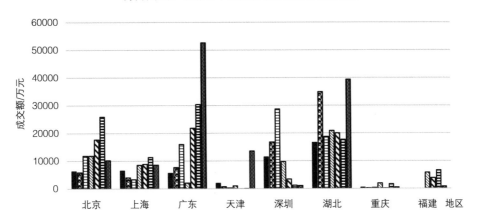

图 7-3　2014—2020 年 8 个试点碳市场成交额

（资料来源：根据 8 个试点碳市场数据资料整理）

表 7-3　试点碳市场基本情况汇总

试点	启动时间	配额总量	纳入行业	纳入标准	配额分配	履约处罚
北京	2013.11.28	未公布，约为 0.6 亿吨/年	电力、热力、水泥、石化、其他工业和服务业、交通	5000 吨二氧化碳排放量以上	历史法和基准线法初始配额免费分配	对于未按规定报送碳排放报告或核查报告的企业，可处 5 万元以下罚款；对于未足额清缴的部分，按市场均价的 3～5 倍罚款
天津	2013.12.26	未公布，约为 1.6 亿吨/年	电力、热力、钢铁、有色、化工、石化、造纸、开采、建材、航空	1 万吨二氧化碳排放量以上	历史法和基准线法初始配额免费分配	对于交易主体、机构、第三方核查机构等违规行为，限期改正；对于违约企业，限期改正，3 年不享受优惠政策
上海	2013.11.26	1.58 亿吨（2019 年）	工业行业：电力、钢铁、化工、石化、建材、纺织、造纸、橡胶和化纤；非工业行业：航空、机场、港口、商业、宾馆、商务办公建筑和铁路站点	工业：二氧化碳排放量达到 2 万吨及以上；非工业：二氧化碳排放量达到 1 万吨及以上；水运：二氧化碳排放量达到 10 万吨及以上	历史法和基准线法初始配额免费分配	对于违约企业，罚款 5 万～10 万元，记入信用记录，向原工商、税务、金融等部门通报

续表

试点	启动时间	配额总量	纳入行业	纳入标准	配额分配	履约处罚
重庆	2014.6.19	未公布，约为1.3亿吨/年	发电、化工、热电联产、水泥、自备电厂、电解铝、平板玻璃、冷热电三联产、民航、造纸、铝冶炼、其他有色金属冶炼及延压加工	温室气体排放量达到2.6万吨二氧化碳当量及以上	政府总量控制与企业竞争博弈相结合，初始配额免费分配	对于未报告核查情况的企业，罚款2万~5万元；对于虚假核查的企业，罚款3万~5万元；违约配额按清缴届满前一个月配额平均价格的3倍进行处罚
广东	2013.12.19	4.65亿吨（2019年）	电力、水泥、钢铁、石化、陶瓷、纺织、有色、化工、造纸、民航	年排放2万吨二氧化碳或年综合能源消费1万吨标准煤	历史法和基准线法，初始配额免费分配+有偿分配。电力企业的免费配额比例为95%，钢铁、石化、水泥、造纸企业的免费配额比例为97%，航空企业免费配额比例为100%	对于未监测和提交报告的企业，罚款1万~3万元；对于扰乱交易秩序的企业，罚款15万元；对于违约企业，以市场均价1~3倍罚款，但不超过15万元进行罚款，在下一年双倍扣除违约配额

续表

试点	启动时间	配额总量	纳入行业	纳入标准	配额分配	履约处罚
湖北	2014.4.2	2.7亿吨（2019年）	电力、钢铁、水泥、化工、石化、造纸、玻璃及其他热电联产、纺织业、汽车制造、设备制造、食品饮料、陶瓷制造、医药、有色金属和其他金属制品	综合能耗1万吨标准煤及以上的工业企业	历史法和基准线法，初始配额免费分配	对于不报告的企业，罚款1万~3万；对于不核查的企业，罚款1万~3万元；对于违约企业，在下一年度配额中扣除未足额清缴部分的2倍配额，罚款5万元
深圳	2013.6.18	未公布，约为0.3亿吨/年	工业（电力、水务、制造业）和建筑	工业：3000吨二氧化碳排放量以上；公共建筑：20000平方米；机关建筑：10000平方米	竞争博弈（工业）与总量控制（建筑）相结合，初始配额免费分配	交易主体、机构、核查机构违规的，可处5万~10万元罚款；对于违约企业，在下一年度配额中扣除未足额清缴部分，按市场均价的3倍罚款
福建	2016.12.22	未公布，约为0.08亿吨/年	电力、钢铁、化工、石化、有色、民航、建材、造纸、陶瓷九大行业	综合能耗达1万吨标准煤（含）的企业	基准线法、历史强度法、历史总量法等，初始配额免费分配	重点排放单位拒不履行清缴义务的，在下一年度配额中扣除未足额清缴部分，并处以清缴截止日前一年配额市场均价的1~3倍罚款，但罚款金额不超过3万元

资料来源：8个试点省市公布的碳排放管理办法。

各试点碳市场按照以配额交易为主、项目抵消交易为辅开展交易，交易方式包括场内挂牌公开交易和场外协议转让交易等。个别地方，如广东引入投资者和金融机构，上海和湖北开发了基于配额的远期产品，一些金融机构开发了对以配额 CCER 为标的的金融衍生品进行抵押贷款、质押贷款、回购等业务，丰富了碳市场的交易品种和交易类型，增强了碳市场的活跃度。

2. 试点碳市场的实践经验与展望

（1）试点碳市场的实践经验

试点碳市场作为中国碳市场建设的先锋，经过多年的实践探索，不仅提供了一套有效的政策体系，还制定了一套有效的市场规则，培养了一批优秀的专业人才，为我国碳市场建设提供了重要的人才储备。试点碳市场逐渐摸索出一套符合我国国情的碳交易体系、模式、路径，为全国碳市场的建立、运行、管理提供了宝贵经验。

一是建立企业碳排放核查体系。为了建立符合现实要求的核查机构管理制度和电子报送系统，各试点将大量人力、物力投入碳排放核查体系的建设，制定行业间核算报告指南及地方标准，有力地支撑了国家气候变化的政策制定和减排政策的设计。

二是建立针对强度控制的配额分配体系。各试点的配额发放要综合考虑能耗和碳排放强度下降目标，以及设定的碳排放总量。试点地区还要考虑安排被淘汰的落后产业优先发展的问题、规划行业发展的问题、产业政策制定的问题，以及受产业结构改变等影响的碳排放量问题，最终确定配额发放总量。

三是建立以自愿减排交易为主的抵消机制。各试点在设计碳交易体系时引入抵消机制，准许企业购买项目级碳信用以抵扣自身的排放量。为避免碳信用抵消过量，各试点在碳信用签发时间、抵消比例、项目所在地及项目类型等多方面进行限制。

四是培育专业人才服务市场。试点碳市场的工作开展使市场主体的能力和技术得到极大提高，同时还培养了一批专业人才，这些人才对碳市场相关政策领会较深，熟悉碳市场交易规则，具有企业碳资产管理的工作能力，在全国碳交易体系的建设方面发挥了种子作用。

（2）试点碳市场的未来展望

试点碳市场为全国碳市场的建设提供了宝贵经验，但仍面临诸多挑战。

一是试点碳市场将在较长时间内存续。试点碳市场将在相当长的时间内与全国碳市场协同发展，以其所在省市特点发挥自身优势，随着全国碳市场的逐渐完善和成熟，试点碳市场将与全国碳市场接轨。但全国碳市场的建立对试点碳市场的交易情况将有所影响，使其市场流动性和活跃度会有所下降。国家将出台政策明晰全国碳市场与试点碳市场的关系和职责。

二是试点碳市场因缺乏法律支持而导致创新和活力不足。虽然自 2014 年以来，湖北、北京、上海、深圳等 8 个试点碳市场相继推出大约 20 款碳金融产品，但是因为国家碳交易法律制度的不完善，相关企业财务核算处理体系缺失，试点碳市场的流动性偏弱，碳金融活动缺少社会资金支持，碳金融产品参与市场的程度偏低。因此，国家应加快碳交易相关立法，保障碳市场的合法权益。

（二）中国国家核证自愿减排机制

1. 总体情况概览

2012 年，由国家发展改革委发布的《温室气体自愿减排交易管理暂行办法》和《温室气体自愿减排项目审定与核证指南》两份文件明确了我国自愿减排项目的申报、核查、备案、认证、发证等工作流程，对于全国自愿减排市场具有里程碑意义。在此基础上，我国自愿减排市场不断完善，有效推动了试点碳市场的运行和发展，为全国碳市场的建设提供了重要的制度建设、技术储备和人才培养。

CCER 的加入，在提高碳市场交易种类的多样性、促进碳金融市场发展、减少重点排放单位的履约成本、提高碳市场的活跃度等方面发挥了积极作用，拓宽了碳市场参与方的交易领域，为推广碳中和理念、提升公众碳减排意识提供了实现路径。我国首批自愿碳减排项目于 2014 年 7 月正式完成备案，但在 2017 年 3 月由国家发展改革委宣告暂停，至今仍未重启。截至 CCER 项目恢复备案前，国家发展改革委公示了 2856 个项目的申请备案，获得备案的项目有 1047 个，获得减排量备案的项目有 287 个。挂网公示的获得减排量备案的项目有 254 个，备案减排量合计 5285 万吨二氧化碳当量，其中风电、光伏、农村户用沼气、水电等项目类型占比较高（图 7-4 和图 7-5）。尽管项目和减排量备案工作还未重启，但已签发的 CCER 交易仍在运行。截至 2020 年年底，"8+1" 个碳市场 ① 的 CCER 累计成交 2.68 亿

---

① "8+1" 个碳市场中的 "8" 是指分别指上、广东、北京、深圳、湖北、天津、重庆和福建等 8 省市试点碳市场；"1" 是指四川联合环境交易所。

吨。其中，上海位列第一，CCER 累计成交量超过 1 亿吨，占比 41%；广东位列第二，占比 20%；北京、深圳、四川、福建和天津的 CCER 累计成交量为 1000 万～3000 万吨，占比 4%～10%；湖北市场交易少于 1000 万吨，重庆市场暂时没有成交（图 7-6）。

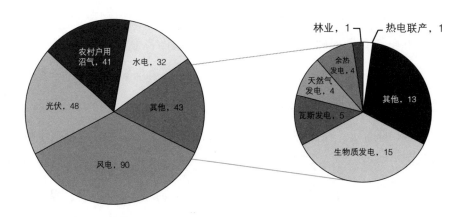

图 7-4　CCER 获得减排量备案的项目数量（个）

（资料来源：中国自愿减排交易信息平台数据资料整理）

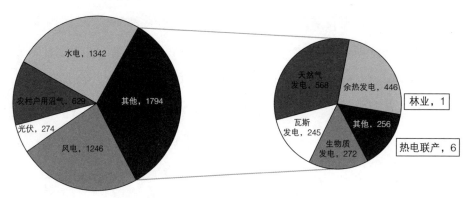

图 7-5　CCER 备案减排量（万吨）

（资料来源：中国自愿减排交易信息平台数据资料整理）

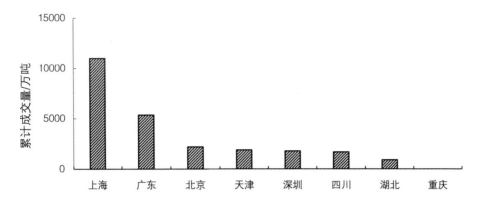

图 7-6　试点碳市场 CCER 累计成交情况（截至 2020 年 12 月 31 日）

（资料来源：8 家试点碳市场交易数据整理）

8 个试点省（市）公布的碳排放管理办法对控排企业使用 CCER 进行抵消的项目类型、时间和地域进行了明确规定，并严格规定使用 CCER 进行抵消的比例。长期以来，由于各试点碳市场的碳配额交易充足，对 CCER 的需求不足，导致价格长期低迷，徘徊在 10 ～ 20 元 / 吨二氧化碳当量。随着 2021 年全国碳市场正式上线交易，进入首个履约期，CCER 价格大幅上涨，一度超到 40 元 / 吨二氧化碳当量。

2. 总结与展望

中国国家核证自愿减排机制历时 5 年的时间（2012 年 3 月 — 2017 年 3 月），积累了丰富的实践经验和理论依据，为后续重启自愿碳市场奠定了坚实的基础。同时，对试点碳市场建设自愿抵消机制提供了重要理论参考。国家核证自愿减排机制的暂停也充分说明该市场在运行中曾经存在不利于其发展的系列问题。

虽然中国国家自愿减排机制存在诸多尚待解决的问题，但这并不影响它在短短 5 年间为中国碳达峰碳中和事业所做出的努力和贡献。随着我国全国碳市场的正式上线交易，中国国家自愿减排机制的重启已经提上日程，未来将在以下方面发挥优势：一是充分展现 CCER 对全国碳市场的重要作用；二是加大对 CCER 项目质量的监管力度，采取强制碳信息披露制度；三是增强自愿减排全民意识，扩大社会广泛参与面，将碳中和思想深入人心；四是加强国际合作，打造中国自愿市场国际平台，以人类命运共同体理念吸引各国用中国方法学开发碳中和项目。

（三）全国碳市场的建设与展望

2014 年，国家发展改革委合理运用试点碳市场的成功经验开始组织全国碳市场建设，最终于 2017 年 12 月出台《全国碳排放权交易市场建设方案（发电行业）》，从此全国碳市场建设开始启动。2018 年 4 月，国务院碳交易主管单位由国家发展改革委转为生态环境部，全国碳市场建设进入快速发展阶段。生态环境部于 2020 年 12 月出台《碳排放权交易管理办法（试行）》，印发《2019—2020 年全国碳排放权交易配额总量设定与分配实施方案（发电行业）》，全国碳市场开启首个履约期（2021 年 1 月 1 日—2021 年 12 月 31 日）。2021 年 7 月 15 日，上海环境能源交易所发布公告称全国碳排放权交易市场于 2021 年 7 月 16 日开市①，并确立由湖北省牵头建设全国碳市场注册登记中心，由上海市牵头建设全国碳市场交易中心，8 个试点碳

---

① 新华网. 全国碳排放权交易今日开市［EB/OL］.（2021-07-16）［2022-03-21］. http://www.xinhuanet.com/energy/20210716/274f5877d40b4853931c3f2a39950fec/c.html.

市场继续维持运行，备受瞩目的全国碳市场正式开始上线交易[①]。全国碳市场共纳入发电行业重点排放单位 2162 家，门槛是年排放量 2.6 万吨二氧化碳当量或综合能源消费量约 1 万吨标准煤，覆盖约 45 亿吨二氧化碳当量，成为全球交易规模最大的碳市场。

1. 全国碳市场的交易情况

根据上海环境能源交易所发布的全国碳交易数据，2022 年 2 月 8 日，全国碳市场碳排放配额（CEA）挂牌协议交易成交量约为 7.2 万吨（72 148 吨），成交额约为 422 万元（4 220 658.00 元），开盘价、最高价、最低价和收盘价均为 58.50 元 / 吨二氧化碳当量，收盘价较前一日上涨 0.72%。当日无大宗协议交易。当日 CEA 总成交量为 72 148 吨，总成交额为 4 220 658.00 元。截至 2022 年 2 月 8 日，CEA 累计成交量约为 1.87 亿吨（186 723 992 吨），累计成交额约为 80 亿元（8 076 307 407.21 元）。

2. 全国碳市场的关键问题

从全国碳市场的交易规模和交易价格来看，全国碳排放权交易系统（现由上海环境能源交易所运营维护）和全国碳排放权注册登记系统（现由湖北碳排放权交易中心运营维护）能够有效连接，整体交易较为平稳顺畅。对于新成立的全国碳市场，应加强市场风险防范，保障市场健康有序发展，并重点关注和解决以下几方面问题。

一是要确保重点排放单位排放数据的真实可靠性，对重点排放单位温室气体排放的监测、核算、报告、核查等过程要加强监管力度，建立有效

[①] 中国政府网 . 韩正出席全国碳排放权交易市场上线交易启动仪式 . (2021-07-15)［2022-03-21］. http://www.gov.cn/guowuyuan/2021/07/16/content_5625574.htm.

的监测核查报告体系，确保为排放单位分配配额的真实准确性，促进碳排放权交易市场的良性运行，防止过量发放配额而导致碳价格长期低迷现象的出现。

二是强化全国碳市场的上层设计。作为人为缔造的市场，全国碳市场受国家政策影响较大，为保证碳市场的平稳运行，应制定和出台完善的法律法规，保证碳市场各项工作得到有效落实。生态环境部是碳市场政策制定的主要行政部门，在碳市场相关法律、制度体系的建立，基础设施、市场能力的建设等方面发挥了重要作用，是确保碳市场有效运行的关键部门。为促进碳市场的健康有序发展，应加强顶层设计，使全国碳市场成为降低减排成本、促进碳达峰碳中和战略目标最有效的政策工具。

三是解决全国碳市场与地方试点碳市场之间的协调问题。全国碳市场上线交易后，短期内地方试点碳市场将继续运行。从长期来看，试点碳市场存在两种路径：一是与全国碳市场并存，这种路径要界定清晰试点碳市场经营的特点，以及其有别于全国碳市场的关键要素；二是试点碳市场退出。以上两种路径最终选择哪一种，关键要看试点碳市场是否能发挥独特功能，成为全国碳市场的有益补充。

3. 全国碳市场的建议与展望

根据目前全国碳市场运行的实际情况，以及碳市场作为政策工具对促进碳达峰碳中和的作用，对碳市场的未来发展提出以下几点建议。

第一，加强碳市场的顶层设计。通过全国碳市场在法律法规和政策方面的导向作用，以政策跟踪评估为手段，明确国家、地方、企业及支撑机构的责任分工，建立"自上而下"和"自下而上"的联动机制，各方积极配合，将责任落实到位。

第二，推进碳市场交易法规的出台。碳交易的各项法规是确保碳市场有效运行的法律保障，也是碳市场建设成败的关键。应从国家部门、地方政府、企业三方面共同促进碳交易立法工作，积极推动碳排放权交易管理条例列入立法工作事项，加快碳市场立法的时间表，为碳市场健康发展提供法律保障。

第三，积极完善全国碳市场多种体系融合发展。CCER 作为自愿减排交易体系的交易产品，在全国碳市场交易过程中，通过碳抵消机制能够有效降低企业减排成本，激发市场活力。可以预见，CCER 抵消机制将成为全国碳市场的重要组成部分。因此，应尽快修订《温室气体自愿减排交易管理暂行办法》，重启自愿减排项目和减排量备案工作，并确保 CCER 的质量，促进自愿碳市场的健康有序发展。

第四，加快将石化、钢铁、建材、有色等行业纳入全国碳市场建设，鼓励和吸引社会资本参与碳市场交易，扩大市场交易规模，提升市场活跃度，有效将高污染、高耗能企业的利润向低排放、低能耗企业转移，企业完成控制碳排放总量目标的成本将更加低廉，充分发挥碳市场在推动控排企业加快产业结构调整、优化能源结构、企业转型升级和追求技术创新方面的重要作用。

第五，开发衍生产品，发展碳市场定价能力。目前，全国碳市场交易产品种类单一，只有配额现货一种产品，且交易规模较小，交易初期只有2000 多家电力行业的重点排放企业允许进场交易。全国碳市场应创新期货、期权等金融衍生产品，提高市场活跃度，增强市场流动性，协助企业通过碳市场完成履约目标。同时，通过期货的价格发现功能，预测现货市场价格[①]。此外，金融衍生产品还能发挥风险转移功能，降低市场的整体风险。

第六，增加碳交易透明度，编制碳信息披露报告。为保证碳市场投资人的利益，降低碳市场交易风险，控排企业每年应编制碳信息披露报告，同财务报告一同经注册会计师审计后，作为商业银行向企业贷款、企业发行债券，以及投资人购买企业股票的重要依据。同时，企业公布碳信息披露报告，可以向市场展示其在环境、社会、治理方面的能力和水平，使企业的社会形象和在大众心中的认可度得到提升，为企业在市场募集资金时提供帮助。

全国碳市场的发展应在健康、有序、安全的前提下进行，通过竞争机制、价格机制、风险机制、监管机制等手段发挥碳市场定价功能，使碳市场真正成为企业以低成本实现减排目标的重要途径，成为中国实现碳达峰碳中和战略目标的重要助推器。

（四）中国开征碳税的问题与对策

与国际碳定价机制的范围相比较，我国在碳税定价机制领域还是空白，在全国碳排放交易体系建立后，下一步将思考建立碳税定价机制，以便在政策方面为中国碳达峰碳中和战略目标的实现提供另一种有效的解决途径。中国的碳税定价机制应在借鉴国外的基础上，建立符合并适应中国经济发展情况的碳税征收体系，找准中国开征碳税的理由、症结和对策，建立一

① Sheng C, Wang G, Geng Y, et. al. The Correlation Analysis of Futures Pricing Mechanism in China's Carbon Financial Market [J]. Sustainability, 2020, 12 (18): 7317.

套完整可行的碳税制度体系框架。

1. 中国开征碳税的迫切性

碳税和碳排放交易体系都是实现减排的有效手段。碳税的优势在于覆盖范围广泛，价格较为稳定，有效弥补了碳排交易体系的不足。二者协同发力，将实现中国经济发展与碳排放脱钩的低碳发展战略。《全球碳预算2020》显示[1]，截至 2019 年年底，中国二氧化碳排放量达到 101.7 亿吨（全球达到 364.4 亿吨），占全球的 28%。目前，中国全国碳市场仅将约 45 亿吨二氧化碳当量纳入交易，纳入企业仅限电力行业，仍有一半以上的二氧化碳排放量没有受到约束而散落在场外无法减排。中国已经向世界承诺碳达峰碳中和战略目标，时间紧、任务重，单一的手段难以实现减排承诺。因此，碳税将成为另一种有效途径，与碳市场共同完成碳减排目标。

此外，2020 年，欧盟宣布了《欧洲绿色协议》，提出了一项政策，即 2023 年欧盟将引入"碳边境调整机制"，征收碳边境税，即碳关税，并力邀美国支持该机制，建立全球示范联盟。该机制的核心内容是欧盟向温室气体排放超过欧盟标准的进口产品征收关税，以保障发达国家制造商的利益，从而提高发展中国家出口产品的价格，削弱其国际竞争力。面临严峻挑战，中国应尽早进行碳税布局，从国家层面对碳税的政策法规、框架体系、制度设计等内容开展试点实践，以全面的绿色转型抵御未来可能的发展危机。

2. 中国建立碳税定价机制的问题

中国开征碳税的覆盖范围几乎涵盖所有行业，其影响力和波及范围相

---

① Friedlingstein P, O'Sullivan M, Jones M, et al. Global Carbon Budget 2020 [J], Earth System Science Data, 2020,（12）: 3269-3340.

当深远。因此，中国建立碳税定价机制是一项系统性、复杂性工程，需要摸清整个社会各环节的二氧化碳排放情况，才能有的放矢地制定政策法规和进行制度设计，建立切实可行的促进我国经济社会向绿色低碳发展的碳税定价机制。欲使碳定价机制发挥作用，需要解决以下三方面的问题。

一是开征碳税加重社会成本负担，导致中国经济增长缓慢。我国开征碳税的根本目的是促进高耗能企业逐渐向低耗能企业转型，在向高耗能企业加征碳税的过程中，势必会造成企业成本上升，这将不利于企业的市场竞争，影响我国国内生产总值的增长。同时，对企业加征碳税，最终会使企业将成本向终端消费转移，导致物价上涨，加重居民消费负担。

二是开征碳税面临制度设计难题，导致企业减排效应无法达成。我国在开征碳税时对碳税的征税对象、税率、征税环节等要素的确认是关键问题，需要根据经济社会的实际情况有序推进，防止出现过急过快、税率过高等问题，使企业税赋过重，无法实现碳减排预期目标。

三是开征碳税存在意识障碍，导致碳税实施承受阻力。碳税的征税对象不仅是企业，还包括个人消费者，全社会对加征碳税都可能会产生抵触情绪，因此应加强沟通和宣传。

3. 中国建立碳税定价机制的政策建议

首先，建立碳税定价机制的政府功能。建立和完善公平合理的碳税法律法规体系，为碳税实施奠定法律基础，以减少碳税实施的阻力，有效协调碳税与其他碳减排措施的矛盾，发挥经济政策、财税政策等多层次应对气候变化措施的作用。除此之外，政府要根据经济社会发展的实际情况，选择适当的时机开征碳税，为碳税的征管营造最为良好的内外部环境，最大限度地降低开征碳税带来的负面效应。

其次，设计科学、合理的碳税制度。碳税制度设计得是否合理、有效，直接关系到碳税开征面对的意识障碍、对中国经济社会的影响。合理的碳税税率不仅可以抑制那些阻碍经济发展的不利因素，还可以降低企业的竞争压力，在较短的时间内恢复经济增长，助力企业进行低碳转型。在此基础上，减少征税对象有助于缓解碳税征收的抵触心理，减小碳税征收的阻力。

最后，开展碳税宣传工作。碳税的征收活动涉及全行业、各领域，其征税的范围十分广泛。为确保碳税征收工作的顺利进行，应使其得到社会各界的广泛支持和认可，建立长效的宣传机制，大力宣传征收碳税的积极意义和深远影响，将碳税征收各环节向社会大众普及，由此使全社会形成绿色、低碳、环保的意识，为我国碳达峰碳中和战略目标的实现创造良好的氛围，为碳税征收达成共识提供平台。

三、以碳定价机制驱动"双碳"目标的实现

（一）碳定价机制驱动碳达峰碳中和的理论基础

在碳达峰碳中和战略目标下，碳排放交易体系和碳税是用来衡量碳减排外部成本的重要政策工具。碳排放交易体系源于科斯定理，通过产权明晰的市场化手段解决外部性问题，强调如果没有产权制度，那么人们既难以进行交易，也难以实现资源配置的优化，应通过市场机制解决外部性问

题；碳税源于庇古税[①]，通过政府干预征收碳税，其数额等于外部经济给其他社会成员造成的损失，最终使私人成本和社会利益相等，实现罗纳德·哈里·科斯提出的资源配置达到帕累托最优[②]。碳排放交易体系要求碳排放总量由政府控制并分配，碳价格由市场决定；而碳税强调碳价格由政府制定，总量由市场决定，二者都是将外部成本内部化的政策工具，在实现碳减排作用机理方面有相同的功效，均能驱动碳达峰碳中和战略目标的实现。

（二）碳定价机制驱动碳达峰碳中和的路线图

站在碳定价机制的视角上，应从机制、产业、地区和能源四个维度设计碳达峰碳中和路线图。

机制维度： 从碳排放交易体系来看，国际市场上，中国从《京都议定书》正式生效（2005 年 2 月 16 日）到参与欧盟碳市场交易，国际碳市场交易启动；国内市场上，从深圳排放权交易所成立（2013 年 6 月）、试点碳市场交易启动到全国碳市场上线交易（2021 年 7 月 16 日），全国碳市场启动。从全国自愿碳市场来看，2023 年前后国家核证自愿减排机制将重启。从碳税来看，2025 年前后中国将开征碳税，碳税定价机制启动。自此，中国碳定价机制的时间表、路线图形成。

产业维度： 三次产业中，第一产业能够提供一定的碳抵消信用，第二

[①] 庇古税指政府通过对排污者征收环境税补齐社会、私人成本之间的差距。

[②] 科斯认为，只要产权明确，且交易成本小或为零，那么无论开始时财产赋予谁，市场均衡的最终结果都是帕累托最优，即资源分配的理想状态，不可能再有其他更多需要改进的余地，是公平与效率的最完美状态；帕累托最优由意大利经济学家维弗雷多·帕累托提出。

产业是国家强制减排主体，第三产业是自愿减排碳中和的主体。

地区维度：由于地理位置、环境、资源等外部条件存在差异，不同地区碳达峰碳中和的时间必然不完全一致，先实现碳达峰、碳中和的地区能提供经验启示，有助于碳达峰碳中和终极目标的最终实现。

能源维度：我国以电力行业为先头队伍纳入全国碳市场强制履约，主要是因为电力行业的二氧化碳排放量约占全国二氧化碳排放总量的1/2，火力发电占发电行业的80%。通过技术升级改造，促进光伏太阳能、生物质能、沼气、陆海风能、核能等清洁能源的快速发展，后续其他行业将陆续进入全国碳市场强制履约，最终实现行业全覆盖，实现碳中和目标。

只有通过上述四个维度的碳定价机制协同发力，中国才能在30年的时间内实现碳中和承诺。

（三）碳定价机制驱动碳达峰碳中和的政策建议

碳定价机制是实现碳达峰碳中和战略目标的关键，应从政策角度健全和完善碳定价机制，发挥其最大效用，实现"3060"目标。首先，重启国家核证自愿减排交易机制。保证CCER项目的质量，对其进行有效监管，开发适应本土的方法学。其次，开征碳税。碳税与碳排放交易体系相互补充、协同发力，助力我国碳达峰碳中和战略目标的实现。再次，明确试点碳市场发展方向。明确试点碳市场的任务、责任、定位及其与全国碳市场的关系。最后，加强国际合作。在技术、监管、风险等领域加强国际合作，建立国际碳排放交易平台，发挥中国在国际市场碳定价权方面的优势。

四、本章小结

本章对国际碳定价机制的进展和趋势进行了系统梳理，通过对碳排放交易体系、碳税、碳信用机制、内部碳定价等内容的分析和探讨，以及国际碳定价机制在政策法规、机制设计、机制运行等方面积累的大量宝贵经验，为建立中国的碳定价机制提供了重要经验和启示，为全国碳市场的健康发展提供了技术支持。

全国碳市场已经完成了第一个履约周期，在市场机制建设方面应加强完善，通过竞争机制、价格机制、风险机制、监管机制等手段，发挥碳市场定价功能，使碳市场真正成为企业以低成本实现减排目标的重要途径，成为中国实现碳达峰碳中和战略目标的重要助推器。

➲ 第八章　绿色金融体系

2016 年是中国绿色金融元年，习近平生态文明思想已经根植于金融体系，未来的金融服务将以绿色为积淀，突出环境保护、可持续发展的特色，将成为实现我国碳达峰碳中和战略目标的重要组成部分。我们已知，中国的碳达峰碳中和是一场广泛而深刻的经济社会系统性变革，绿色金融的强有力支撑将是这场变革成功的重要保障。本章对绿色金融概念的起源进行系统梳理，明晰绿色金融概念的演进和实践历程，整合研究绿色金融体系的政策制度，厘清绿色金融体系的市场概况，提出了绿色金融体系的发展对策，以绿色金融案例为媒介展现了绿色信贷、绿色债券和绿色保险的发展趋势，对构建有利于中国实现碳达峰碳中和的绿色金融体系具有重要意义。

一、绿色金融概况

（一）绿色金融概念的起源

18 世纪工业革命以来，科学技术的进步带动经济迅猛发展，人们对物质的追求永无止境，导致资源枯竭、环境恶化、生态破坏。持续的极端恶劣气候变化引起各国政府、国际环保组织的高度重视和广泛关注，人与自然和谐共生成为当今世界的主题，人类命运共同体理念深入人心，从而诞生了环境经济学这一新兴学科。这一学科从金融服务环境的角度出发，促进环境金融的进一步形成。直到 1994 年，时任英国环境律师的休·德瓦斯（Hugh Devas）在其所作《绿色金融》一文中详细阐述了"绿色金融"与环境风险和法律责任之间的关系，这成为绿色金融概念的源起 [①]。

（二）绿色金融概念的演进

随着世界各国、各地区、国际组织和社会团体对气候变化问题的持续关注，实体经济开始转向可再生能源、新能源等新兴领域，各国的战略目标也发生了重大转移。与之相配套的金融服务体系也适时做出变革，将资金投向由传统行业转向化石能源的技术升级改造、节能减排项目，积极鼓励可再生能源项目的研发，支持新能源的开发利用等，对投资项目进行绿色评价，将环境因素纳入投资项目评价体系并作为重要的决策指标；同时，从自身出发转变经营方针，制定金融机构自己的碳中和方案。因此，金融服务体系改革的方向就是绿色金融。

1994 年，南内特·林登贝格（Nanneite Lindenberg）在《绿色金融的定义》[②]一文中从绿色产业、绿色政策和绿色金融系统三个方面对绿色金融进行

---

① Devas H. Green Finance［J］. European energy and environmental law review，1994，3（8）：220-222.

② Lindenberg N. Definition of Green Finance［EB/OL］.（2014-04-15）［2022-03-21］.DIE mimeo. Available at SSRN：hppt：//ssrn. com/abstract=2446496.

了系统阐述，并提出将环境因素纳入投资评价是绿色金融的核心，助力国家实现绿色低碳发展。1996 年，怀特·马克 A.（Mark A. White）对金融与环境二者之间的相互制约关系进行了论证并给出了绿色金融的定义 [①]。

目前，我国对"绿色金融"的权威界定最早出现在中国人民银行、财政部等七部委于 2016 年 8 月联合发布的《关于构建绿色金融体系的指导意见》（银发〔2016〕228 号）中，其中将与环境保护、节能、清洁能源、绿色交通、绿色建筑等领域相关的投融资项目、风险管理及项目运营等金融服务称为绿色金融。

（三）绿色金融实践的历程

随着环境问题逐渐成为各国关注的焦点，与绿色金融相关的法案陆续出台。美国是最早通过绿色金融法案的国家，始于《美国 1933 年证券法》，最具影响力的是 1980 年颁布的《综合环境反应补偿与责任法》，也就是人们常提及的《超级基金法案》。该法将环境污染的法律责任提到前所未有的高度，引起商业银行的高度重视，从而加强了商业银行对由企业环境污染带来的信贷风险的防范。此后，欧盟进一步将环境、社会和公司治理三者之间的关系有机结合，提出企业应在年度报告中披露环境信息，这种做法后来被大多数国家和地区、国际机构认可，并延续至今。

绿色金融在国际机构得到快速响应，并成为推动其发展的主要力量。其中，最具影响力的是联合国环境与发展大会于 1992 年通过的两份具有

---

① Mark A. White. Environmental finance: value and risk in an age of ecology [J]. Business strategy and the environment, 1996, 5（3）: 198–206.

里程碑意义的文件——《里约环境与发展宣言》《21 世纪议程》。这两份文件确立了金融对可持续发展的重要影响，为金融服务绿色经济的作用提供了重要依据。在此背景下，联合国环境规划署制定了金融倡议（UNEP FI）（1992）、联合国负责任投资原则（UN PRI）（2006）、联合国可持续保险原则（UN FI PSI）（2012），进一步就环境、社会和公司治理问题建立全球框架。

此外，已经更新至第四版的由国际主要金融机构共同发起的赤道原则 [①]（EP4）是银行业践行绿色金融的重要力量，也是金融领域支持《巴黎协定》目标和保护生物多样性工作的代表性准则。实施赤道原则的金融机构的数量每年都在增加。

近年来，中国作为发展中国家在绿色金融领域快速发展，突出表现为在绿色信贷、绿色债券、绿色基金、绿色保险、绿色信托、绿色 PPP（政府与社会资本合作）等领域的创新，这将有效助力中国实现碳达峰碳中和战略目标。

二、绿色金融体系的政策与实践

2016 年被国内外大多数学者看作是绿色金融元年。中共中央、国务院于 2015 年印发《生态文明体制改革总体方案》，首次提出建立"绿色金融

---

① 赤道原则是参照国际金融公司可持续发展政策与指南建立的一套用于判断、评估和管理项目融资中环境和社会风险的自愿性金融行业基准。

体系"。2015年4月，中国金融学会绿色金融工作小组①发布首份《构建中国绿色金融体系》报告，提出构建中国绿色金融体系的框架性设想和14条具体建议。2016年8月，中国人民银行、财政部等七部委于联合发布《关于构建绿色金融体系的指导意见》，首次从国家层面全局性地提出绿色金融概念、激励机制、披露要求、绿色金融产品发展规划和风险监控措施。2017年，国务院常务会议决定在浙江、江西、广东、贵州、新疆五省（区）建设绿色金融改革创新试验区。从党的十九大到十九届五中全会都持续关注和强调绿色发展、建设美丽中国、促进人与自然和谐共生、发展绿色金融、支持绿色技术创新的问题。2020年10月，生态环境部、国家发展改革委等五部委联合印发《关于促进应对气候变化投融资的指导意见》，该意见能够有效防范化解气候投融资风险，加快落实国家自主贡献。2021年12月，生态环境部、国家发展改革委、工信部等九部委联合发布《气候投融资试点工作方案》，探索差异化气候投融资体制机制、组织形式、服务方式和管理制度。自2016年以来，我国在绿色金融体系的政策和实践等方面取得了长足进展。

（一）绿色金融体系的政策制度

随着国家对环境保护的重视程度逐渐升级，相关的绿色信贷、绿色保险、绿色证券等金融政策也相继出台。

1. 绿色信贷

绿色信贷政策在我国绿色金融领域的发展较为完善。早在2012年，中

---

① 中国人民银行网站.中国金融学会成立绿色金融专业委员会 发布首份绿色金融工作小组报告［R/OL］.（2015-04-22）［2022-03-21］. http://www.pbc.gov.cn/goutongjiaoliu/113456/113469/2811848/index.html.

国银监会就印发了《绿色信贷指引》（银监发〔2012〕4号），其中对"绿色信贷"一词首次做出了解释，绿色信贷是为实现经济和社会的可持续发展，以降低环境和社会风险为目标，帮助提升银行金融机构的服务水平，有效降低其经营风险，以支持绿色经济、低碳经济和循环经济。从广义上看，绿色信贷是银行金融机构在传统投资项目上采用新的利率杠杆，以调控信贷资金流向、实现资金绿色配置的一种金融政策①。从狭义上看，绿色信贷指金融机构将资金投向清洁能源、可再生能源、化石能源技术升级、节能减排、基础设施绿色升级等绿色产业领域。

迄今为止，我国已经发布的与绿色信贷相关的政策文件多达40余项，囊括顶层设计、业绩评价、奖惩机制等。其中，最具影响力的绿色信贷政策包括原中国银监会印发的《绿色信贷指引》（2012年）、中国中国人民银行等七部委联合发布的《关于构建绿色金融体系的指导意见》（2016年）、《中国银保监会关于推动银行业和保险业高质量发展的指导意见》（2019年）。这些文件为我国金融机构的绿色转型提供了重要的政策依据和指南。

2. 绿色保险

我国的绿色保险起步较晚，但已经形成了良好的市场环境，有助于我国生态文明建设。绿色保险主要是为应对气候、环境、能源高效利用等风险管理、资金支持相关问题。我国发布的绿色保险政策文件主要包括《国务院关于保险业改革发展的若干意见》（2006年），原国家环保总局、原中国保监会联合发布的《关于环境污染责任保险工作的指导意见》（2007年）、

---

① 孔瑞. 我国绿色信贷发展研究［D］. 济南：山东师范大学，2015.

中国人民银行等七部委联合发布的《关于构建绿色金融体系的指导意见》（2016年）、原中国保监会印发的《中国保险业发展"十三五"规划纲要》（2016年）、中国银保监会与生态环境部发布的《环境污染强制责任保险管理办法（草案）》（2018年）、《国家发展改革委　科技部关于构建市场导向的绿色技术创新体系的指导意见》（2019年）。绿色保险政策的顺利实施离不开各部门的协同发力，应从顶层设计助推绿色保险的发展，以促使各地方政府在实施绿色金融的过程中加大对绿色保险的建设。绿色保险作为绿色金融的核心要素，与绿色信贷相互补充，从风险管理的角度助力我国绿色经济发展。

3. 绿色证券

绿色证券也是绿色金融体系的核心要素，由绿色股票、绿色债券等构成。其中，绿色股票是指绿色企业进行上市融资和再融资形成的有价证券，绿色债券是指符合债券发行场所要求的募集资金投向绿色产业的各类证券工具。

我国绿色证券的健康发展，离不开国家出台的一系列具有深度影响力的政策文件，包括原国家环保总局发布的《关于加强上市公司环境保护监督管理工作的指导意见》（2008年）、《中国证监会关于支持绿色债券发展的指导意见》（2017年）、《上海证券交易所服务绿色发展　推进绿色金融愿景与行动计划（2018—2020年）》（2018年）、绿色债券标准委员会成立（2018年）、《上海证券交易所科创板企业上市推荐指引》（2019年）。上述政策文件的发布和机构的成立标志着我国绿色证券的蓬勃发展，凸显了绿色证券在绿色金融中的重要作用。

4. 绿色基金

综合国内外对绿色基金的认识，本章将绿色基金定义为以国家绿色发展为目标，致力于节能减排、环境保护、绿色建筑、清洁能源及可再生能源的开发和利用等方向的基金建设，包括专项基金、普通投资基金等。早在 2015 年 9 月，国务院发布的《生态文明体制改革总体方案》中就明确提出绿色基金是我国生态文明建设的重要力量。我国还先后出台了一系列政策文件对绿色基金的发展方向、业务范围、监管体系、投资领域进行系统规划（表 8-1）。

表 8-1　国家发布的绿色基金政策文件

发布时间	发布单位	发布文件	发布内容
2016 年 8 月	中国人民银行、财政部等七部委	《关于构建绿色金融体系的指导意见》	设立国家绿色发展基金，同时鼓励有条件的地方政府和社会资本共同发起区域性绿色发展基金
2017 年 6 月	国务院	设立绿色金融改革创新试验区	支持创投、私募基金等境内外资本参与绿色投资
2018 年 4 月	中国人民银行等	《关于规范金融机构资产管理业务的指导意见》	规范绿色基金业务
2018 年 11 月	中国证券投资基金业协会	《绿色投资指引（试行）》	明确绿色投资范围，鼓励绿色基金投资
2019 年 1 月	生态环境部、全国工商联	《生态环境部　全国工商联关于支持服务民营企业绿色发展的意见》	鼓励有条件的地方政府和社会资本共同发起区域性绿色发展基金，鼓励民营企业设立环保风投基金
2019 年 7 月	国家发展改革委等五部委	《绿色产业指导目录（2019年版）》	有效引导规范绿色基金的投融资

续表

发布时间	发布单位	发布文件	发布内容
2019 年 10 月	国家发展改革委等六部委	《关于进一步明确规范金融机构资产管理产品投资创业投资基金和政府出资产业投资基金有关事项的通知》	有效降低绿色基金的违规风险，拓宽绿色基金融资渠道
2019 年 12 月	中国银保监会	《关于推动银行业和保险业高质量发展的指导意见》	支持金融机构依法合规设立绿色发展基金，鼓励保险资金投资产业基金，支持绿色低碳循环经济发展

资料来源：根据公开资料整理。

5. 绿色金融政策体系的问题

我国绿色金融政策体系从顶层设计出台了具体的指导意见和实施方案，有效保障了体系的顺利运行，推动了体系的健康发展，提升了服务实体经济的效果，但在体系运行过程中仍有诸多问题尚待解决。

一是绿色金融难以满足实体经济发展的需要。我国绿色信贷、绿色债券等的发行总量占比较小，募集资金十分有限，不能满足实体经济向绿色低碳转型发展的需求，绿色金融发展速度难以与现实需求相匹配。

二是政策法规缺乏约束性指标，多为意见指导，不利于对生态环境保护和治理的具体行为产生有针对性的作用，实施效果不理想。

三是绿色金融标准、信息披露制度不健全。我国尚未建立绿色金融标准体系、环境信息披露制度、企业绿色评价体系及绿色监管机制等，这些都将严重影响绿色金融市场的正常运行和健康发展。

四是金融机构未建立完善的环境和气候风险预警机制。我国金融机构对环境和气候风险的防范意识有待提高，需要建立统一的风险预警机制，以适应企业向低碳转型的各项资金需求。

五是绿色金融产品缺位，公共性领域支持力度薄弱。我国绿色金融产品的供给体系初步形成，但由于资本市场和流动性分层严重，绿色金融产品的有效供给不足。受市场逐利性影响，公共领域的资金受到冷落，绿色金融资金难以在该领域发挥效能。

六是绿色金融科学研究体系尚未建立。由于绿色金融尚属新兴领域，学者的研究视角和领域未能及时跟进前沿研究，缺乏对实践的有效推动。

（二）绿色金融体系的市场概况

1. 绿色信贷市场

地方政府和银行金融机构是促进绿色信贷发展的主体，是推动实体绿色产业发展、创新产品和服务、管理环境风险和建设基础设施的重要力量。地方政府和金融机构适时推出了一系列金融改革措施，促进绿色信贷市场的繁荣和发展。在 2016 年 8 月中国人民银行等七部委发布的《关于构建绿色金融体系的指导意见》中对绿色信贷做出政策指导，要求从激励机制、银行绿色评价机制、资产证券化业务、贷款人环境法律责任、建立符合绿色企业信贷制度、支持环境和社会风险作为压力测试因素等方面进行实践探索 [1]。

---

① 中国人民银行网站. 中国人民银行、财政部、发展改革委、环境保护部、银监会、证监会、保监会关于构建绿色金融体系的指导意见：银发〔2016〕228 号［EB/OL］.（2016–08–31）［2022–03–24］. http://gdjr.gd.gov.cn/gdjr/zwgk/jrzcfg/content/post_2901659.html.

由图 8-1 可知，2019—2021 年，我国本外币绿色信贷贷款①余额稳步上升，由 2019 年一季度（2019Q1）的 9.23 万亿元上升到 2021 年二季度（2021Q2）的 13.92 万亿元，增长 50.81%；绿色信贷占信贷总规模的比重整体呈上升态势，在 2019 年一季度到 2021 年二季度，绿色信贷增长率上升 1.05%。

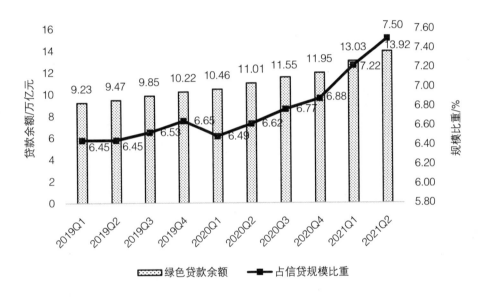

图 8-1　中国 2019—2021 年本外币绿色信贷余额和占信贷总规模的比重

（资料来源：根据中国人民银行数据整理）

---

① 根据中国人民银行 2020 年第三季度金融机构贷款投向统计报告，绿色贷款是指金融机构为支持环境改善、应对气候变化和资源节约高效利用等经济活动，发放给企（事）业法人、国家规定可以作为借款人的其他组织或个人，用于投向节能环保、清洁生产、清洁能源、生态环境、基础设施绿色升级和绿色服务等领域的贷款。

2019—2021 年，绿色信贷按用途划分，基础设施绿色升级产业和清洁能源产业的贷款余额分别为 6.68 万亿元和 3.58 万亿元，增长 26.5% 和 19.9%。按行业划分（图 8-2），交通运输、仓储和邮政业绿色贷款的振幅较强，2021 年二季度（2021Q2）的余额为 3.98 万亿元，环比增长 16.4%，2021 年上半年增加 3295 亿元；电力、热力、燃气及水生产和供应业绿色贷款余额为 3.88 万亿元，环比增长 20.2%，2021 年上半年增加 3554 亿元。2020 年一季度（2020Q1）交通运输、仓储和邮政业板块大幅下降，达到 3.35 万亿元，下降 10.4%，但依然占绿色信贷的 32%。除了交通运输和电力、热力等规模的变化，其他项占绿色信贷的比重持续上升，截至 2020 年二季度，其他项占绿色信贷的比重已经从 2019 年一季度的 26.5% 上升到 43.5%，上升速度较快。在其他绿色信贷项目中，农林类项目和自然资源保护项目等绿色贷款的发放力度越来越大。

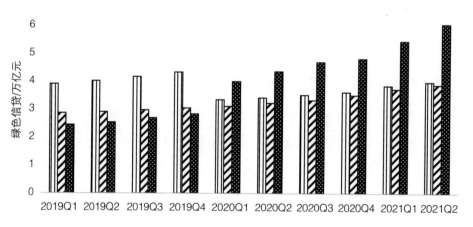

图 8-2　2019—2021 年绿色信贷投向变动情况

（资料来源：根据中国人民银行统计数据整理）

由此可见，从 2016 年绿色金融起步至今，绿色信贷市场发展已经进入快车道，在支持能源转型、环境保护和可再生能源产业发展等方面发挥了重要作用，为我国实现碳达峰碳中和战略目标做出了积极努力。

2. 绿色保险市场

在新发展理念的引领下，保险业主动承担改善环境的保险责任，大力开发和推广绿色保险。同时，保险业发挥自身的资金优势，践行责任投资，全面参与建设绿色金融体系。在国家政策的大力支持下，保险业不断深化对生态保护事业的研究和投入，将绿色发展理念融入保险创新中，进行绿色改革实践：一是在环境高风险领域建立环境污染强制责任保险制度，借此增强环境风险监督；二是鼓励保险机构创新绿色保险产品和服务，健全相关灾害保险制度；三是鼓励保险机构建立环境风险治理体系，向企业及社会公众普及环境风险的相关知识。近年来，越来越多的保险企业结合自身特点，创新环境保护机制，推广绿色保险，改善与环境污染相关的责任保险产品，促进生产企业加强环境风险管理，对节能环保、新能源、高新技术等领域的产业发展提供了有力支持[1]。

截至 2020 年年底，环境污染责任保险已覆盖重金属、石化、医药废弃物等 20 余个高环境风险行业和 31 个省（区、市）。2021 年 8 月，《中国保险行业协会新能源汽车商业保险专属条款（2021 版征求意见稿）》发布，这项保险条款将成为新能源车主的专属车险，体现了保险公司在新能源保险项目中的实践探索。

---

[1] 中国保险业协会官网. 2019 中国保险业社会责任报告［R/OL］.（2021-11-12）［2022-03-21］. http://www.iachina.cn/art/2020/9/29/art_22_104660.html.

保险业积极完善保险资金投资制度，充分发挥保险资金优势，重点支持低碳经济、节能环保等领域的基建项目，促进实现经济效益、社会效益与环境效益的统一。截至 2019 年 9 月，通过债权投资计划方式进行绿色投资的保险资金总体注册规模余额达 8390.1 亿元。

我国保险业在减排领域也积极开展了实践探索，如中国人保等保险企业创新风能、太阳能等领域质量保证险，支持新能源产业发展；探索绿色装备、绿色建筑等险种，在青岛首创了超低能耗建筑性能保险和"减碳保"建筑节能保险；2021 年 5 月，在南平、龙岩分别试点的碳汇价格保险、碳汇指数保险，是全国首个碳汇价格和首个碳汇指数保险项目，实现了碳汇保险的新突破。

此外，随着我国碳交易市场的建立健全，碳排放信用保证保险、碳信用价格保险、碳交付保险等保险产品潜力巨大。与此同时，绿色保险要注重构建清洁低碳、安全高效的能源体系建设，聚焦于制造业等重点行业的降碳行动，借此推出差异化的保险产品和服务，通过发挥绿色保险、绿色投资等承保端产品与投资端资金优势，全力支持国家绿色经济转型和产业链升级，助力碳达峰碳中和战略目标的实现。

3. 绿色证券市场

绿色证券市场主要由绿色债券市场和绿色股票市场组成，在以下 7 个方面进行了改革实践：①将绿色债券的相关规章制度进一步完善，鼓励符合条件的机构发行绿色债券及相关产品，提高核准（备案）效率；②降低绿色债券的融资成本；③为第三方评估机构提供更为科学的评级标准；④支持符合规定条件的绿色企业上市融资和再融资；⑤促进绿色金融产品的开发以满足投资者的需要，如绿色债券指数、绿色信贷指数、绿色股票指数等；⑥建立健全上市公司、发债企业强制性环境信息披露制度；⑦引导各类机构投资者投资于绿色金融产品。

（1）绿色债券市场情况

我国绿色债券的发行主体包括金融企业、非金融企业、政府支持机构、资产支持证券、政策银行和地方政府（图 8-3）。2020 年，我国绿色债券的发行主体发生了比较大的变化，由 90 家政府支持机构发行的绿色债券总量高达 1190 亿元（170 亿美元），占 2020 年发行总量的 38%，增长势头强劲，增幅达到 18%。政府支持发行绿色债券规模的大幅上升，充分体现了我国应对气候变化，落实碳达峰碳中和战略目标的决心。

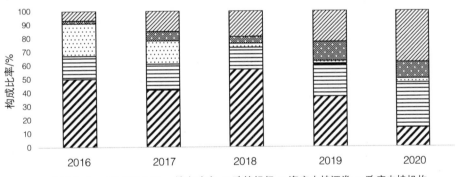

图 8-3　中国绿色债券发行主体构成

（资料来源：根据 2020 年中国绿色债券市场报告资料整理）

过去 6 年，中国一直是全球最大的绿色债券市场之一，但 2020 年经历了起伏。中国绿色债券在境内外市场的发行总量达到约 2895 亿元（440.7

亿美元），较 2019 年的 3860 亿元（558 亿美元）减少了 21%。2021 年，中国绿色债券市场反弹势头良好，上半年境内外绿色债券发行总量为 376 亿美元[①]，同比增长 58%。这一数字已达到 2020 年全年发行总量（440.7 亿美元）的近 85%，而且这一强劲反弹的势头在 2021 年下半年得到持续。2021 年 4 月，中国人民银行、国家发展改革委、证监会联合发布了《绿色债券支持项目目录（2021 年版）》，进一步统一了国内不同的分类标准，在绿色债券定义方面缩小了同气候债券倡议组织（CBI）的差距，有助于提升国际投资者的信心。2021 年上半年发行的绿色债券中，符合气候债券绿色定义的绿色债券占上半年发行量的 58%（220 亿美元）（图 8-4）。2020 年，我国有 16 家中资机构在境外市场发行绿色债券，发行总量达到 546 亿元（78 亿美元），占债券发

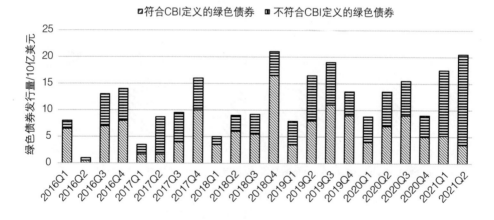

图 8-4   中国绿色债券规模（2016—2021 年）

（资料来源：根据 2020 年中国绿色债券市场报告资料整理）

---

① 邵鹏璐. 中国绿债市场：去年发展放缓，今年强势反弹［N］. 中国经济导报，2021-10-13（005）.

行总量的 18%。在境外市场发行的绿色债券大多以美元计价。香港交易所仍然是中国离岸绿色债券最大的上市交易所，占离岸发行总量的 54%。绿色建筑是境外绿色债券投向的最大领域（35%），其次是低碳交通（29%）。

中国绿色债券市场依据《绿色债券支持项目目录（2021 年版）》将绿色项目划分为节能环保产业、清洁生产产业、清洁能源产业、生态环境产业、基础设施绿色升级、绿色服务六大产业，并细分为 25 个二级产业、48 个三级产业和 203 个四级产业。2020 年，募集资金投向清洁交通领域的项目总额从 823 亿元（118 亿美元）增至 1005 亿元（144 亿美元），但其占比下降至 22%。与 2019 年相比，投向生态保护和适应气候变化、资源节约与循环利用领域的募集资金占比有所下降，清洁能源领域涨幅最大。

综合市场发展情况，我国绿色债券市场已经进入发展黄金期。绿色债券的发行不仅拓宽了低碳项目的融资渠道，助推了企业的绿色转型升级，而且在打造社会绿色低碳发展理念方面起到积极的示范作用。因此，为确保我国绿色债券市场的高质量发展，应提升绿色债券环境信息披露水平，引导投资者将企业披露绿色产业项目环境效益指标作为投资决策的重要依据[①]；同时，还应发布绿色债券准则，以提高绿色债券的公信力，促进国内绿色债券标准与国际接轨。

（2）绿色股票市场情况

我国不断发布绿色金融政策法规，对绿色上市公司业绩产生了重要影响，吸引绿色企业上市发行股票，有效推动了绿色股票市场的繁荣发展。

---

① 盛春光，赵晴，陈丽荣.我国绿色债券环境信息披露水平及其影响因素分析［J］.林业经济，2020（9）：27-35.

根据中央财经大学绿色金融国际研究院的统计分析[①]，截至2019年年底，绿色上市企业达到120家，业务领域包括水污染防治、大气污染治理、固体废物处理与资源化、环境监测与检测等，总市值达到9152.4亿元。总体而言，绿色上市企业市值有所增加，但总体规模占比较小，同期A股总市值为59.29万亿元，约占2%，A股上市企业数量增至3777家，绿色上市企业约占3%。绿色上市企业平均规模有所增长，市场集中度基本保持不变。在120家绿色上市企业中，中联重科市值最高，为525.6亿元；科林环保市值最小，为8.8亿元；平均市值为76.3亿元，增长11%，但低于A股平均市值（157亿元）。

从绿色上市企业募集资金及投向来看，2016—2018年，共有13家绿色企业上市融资，募集资金43.6亿元。绿色企业上市首发平均募集额由2.1亿元增至5.5亿元，年均增长127%。2019年，绿色上市企业主要通过定向增发进行再融资，增发10起，共计募集资金206.3亿元。绿色上市企业募集资金主要投向水污染防治领域、生物质发电、垃圾焚烧、脱硫脱硝项目建设和相关技术研发。绿色上市企业募集资金体现为募资额增加，总体规模较小；增发募资主要用于购买其他绿色企业股权。

对以上数据分析可见，随着我国构建绿色低碳循环经济体系，企业贴上绿色标签将成为发展主流。在此背景下，绿色企业将会享受更多优惠政策，更容易从证券市场募集资金，更加受到投资者的青睐。因此，从事绿色经营的公司数量将大幅提升，绿色股票市场也将迎来快速发展期。

---

①　王瑶，徐洪峰.中国绿色金融研究报告 2020 ［M］.北京：中国金融出版社，2020.

4. 绿色基金市场

我国在基金市场积极开展绿色金融服务，设立绿色基金助推绿色低碳转型。一是通过 PPP 模式动员社会资本参与。二是鼓励建立各类绿色基金，进行市场化运作。三是通过拓宽市场准入限制、完善公共服务定价、实施特许经营模式、落实财税和土地政策等措施，完善收益和成本风险共担机制，支持各地建立绿色基金投资项目。四是支持 PPP 模式、绿色产业相互融合，鼓励节能减排降碳、环保和其他绿色项目的发展，并与各种高收益相关项目一体化建设，建立公共物品性质的绿色服务收费机制[①]。

近年来，绿色基金发展速度较快，但总体规模较小。截至 2019 年年底，可以在中国证券投资基金业协会查到有 781 只绿色基金进行了备案[②]，其中包含 37 只绿色公募基金、744 只绿色私募基金；同 2010 年相比，备案的绿色基金增长了 124 倍，年均增长率达 76%（图 8-5）。根据中国证券投资基金业协会的统计数据，中国绿色基金总体规模相对较小，仅占该协会登记基金总量的 0.9%。绿色基金投资类型为股权投资、创业投资、证券投资、企业并购、混合投资等。截至 2019 年年底，股权投资达到 513 只，成为绿色基金投资占比最高的领域（65.7%）；创业基金为 99 只，证券投资基金为 64 只，占比分别为 12.7%、8.2%。股权投资、创业投资和证券投资基金成为绿色基金投资的主要类型，数量合计达到 676 只，共占绿色基金总量的 86.6%。

---

① 安国俊，敖心怡. 中国绿色金融发展前景 [J]. 中国金融，2018（2）：47-49.

② 绿色基金数量统计以名称中含绿色、环保、节能、低碳、新能源、风电、光伏、循环、再生等关键词的基金为标准。

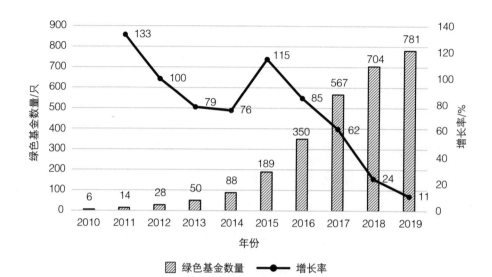

图 8-5　中国绿色基金数量及增长率

（资源来源：根据中国证券投资基金业协会资料整理）

绿色基金投资的主要方向是生态环境和新能源领域。截至 2019 年年底，生态环保和新能源领域的绿色基金数量分别为 367 只和 310 只，占比分别为 47% 和 39.7%。

（三）绿色金融体系的发展对策

1. 加强绿色金融理论建设

发展绿色金融，要坚持问题导向、底线思维和系统观念，平衡各方与经济发展之间的关系，可以借鉴外部性相关理论 ①，探索设计金融支持绿色

---

① 负外部性的存在是引起环境污染、资源浪费和生态治理难题的主要原因，英国经济学家庇古提出可通过立法、税收和补贴政策解决外部性问题，以科斯为代表的新制度经济学派主张通过清晰界定产权、运用市场机制解决外部性等市场失灵问题。

发展的长效机制。绿色金融以新发展理念为背景，以金融服务实体经济为本质，采取结构性策略引导市场预期，降低负外部性，实现环境效益的内部化，从而提升环境质量和规避环境风险，实现人与自然的和谐共生[①]。

绿色金融既是实现碳达峰碳中和的关键切入点，也是促进经济社会发展全面向绿色经济转型的有效助推剂，能够加强市场的资源配置，建立有效的激励机制，形成风险管理和定价功能，加快完善绿色金融监管指标体系，对传统金融体系可持续发展提出变革路径，并随着科学管理政府和市场的关系，营造有为政府促进有效市场发展的环境，加强法治约束和制度创新，加快建设绿色金融基础设施，培养具有气候韧性的绿色金融市场体系[②]。此外，深化拓展绿色金融国际合作既是借鉴国际绿色金融的经验做法，也是传递负责任大国形象的有效途径，以此来提升"一带一路"绿色投资影响力，通过制定国际合作标准，提高在绿色金融治理中的国际话语权。

2. 完善绿色金融政策框架

完善绿色金融标准体系，须形成对信贷、债券、股票、基金、保险等产品领域具有广泛适用性的基本指引，为行业规范发展提供明确的方向和依据[③]；要加强绿色金融环境保护、资源利用，制定适应性强的绿色发展法律法规及绿色发展地方性法规；在宏观层面上，要从审慎监管、市场行为监管两个方面对绿色金融风险进行更加全面的管理，并且充分发挥财税政策

---

① 中国银保监会政策研究局课题组，洪卫. 绿色金融理论与实践研究［J］. 金融监管研究，2021（3）：1-15.

② 洪卫. 加快构建"有韧性"的气候投融资体系［J］. 当代金融家，2020（12）：33-36.

③ 陈雨露. 推动绿色金融标准体系建设［J］. 中国金融，2018（20）：9-10.

的作用，加强责任投资理念教育，为绿色生产和消费差异化提供金融支持。

我国要进一步完善国家碳排放权交易市场建设，建立完善第三方服务体系，服务于各类市场主体，使其积极参与绿色金融市场建设。若要解决信息不对称的问题，就需要建立绿色产业信息交流平台，对"漂绿""洗绿"行为进行有效监测、预警并提高处置能力，防范、化解绿色金融风险①。同时，要提高评估投融资活动环境影响的能力，推动环境污染强制责任保险有条不紊地发展。

借鉴国际绿色金融信息披露框架，强化我国环境、气候和社会风险信息披露水平，鼓励开发绿色金融环境效益测算方法、指标和工具，借此为信息披露提供基础支持②；同时，鼓励第三方专业机构的建立，以期能够提供环境、气候和社会风险分析和整体解决的方案。

建立生态产品价值核算体系、完善生态补偿制度政策体系能够推动形成生态产业化和产业生态化发展的局面，建立健全资源产权交易制度③，创新出符合绿色生态价值并可以实现的绿色金融产品，探索生态产品价值的市场化实现路径。

3. 打造绿色金融高质量发展格局

加快建立气候投融资标准体系与统计制度，加强市场监管和风险管理，坚决遏制气候投融资发展过程中的"漂绿"行为，推动地方搭建气候投融

---

① 清华五道口网站.马骏：发展绿色金融要警惕"洗绿"风险［EB/OL］.（2019-04-12）［2022-03-28］. https://www.pbcsf.tsinghua.edu.cn/info/1248/5319.htm.

② 李晓文.强化环境信息披露 提升金融机构环境风险管理能力［J］.现代金融导刊，2021（1）：13-15.

③ 王夏晖，朱媛媛，文一惠，等.生态产品价值实现的基本模式与创新路径［J］.环境保护，2020，48（14）：14-17.

资信息平台、建立风险分担与担保机制、完善差异化监管体系，加快建设碳交易、排污权等细分市场。加强财税激励与市场激励的有机结合，为绿色投融资活动和生态价值实现提供政策支持和风险保障①。通过国家绿色发展基金和各级政府融资性担保机构的杠杆作用和风险补偿功能，撬动社会资本共同支持绿色经济发展。加快促进碳排放权市场价格的形成，引导金融机构根据环境权益市场的特点规范创新碳金融及其衍生品，为利用碳金融转移环境风险和实现环境目标创造市场空间。

引导金融机构从战略、业务、流程和管理等各方面践行 ESG（环境、社会与公司治理）理念，打造中国金融市场核心竞争力。鼓励企业选择内部碳定价机制，发现影响环境和气候的风险因素，寻找解决问题的路径，构建环境、气候和社会风险的保险保障机制，引导各类投资者开展绿色投资、责任投资和价值投资，统筹金融机构数字化和绿色化转型发展，科学建立绿色投融资风险补偿制度，加强对风险的测算、缓解和预防控制。督促引导金融机构加强信息披露和与利益相关者的互动，加快完善绿色金融第三方服务体系，推动绿色金融相关领域基础设施建设，加强环境和社会风险申诉回应平台建设②，支持引导符合条件的银行保险机构拓展国外市场，提高国际化运营能力。

以加大能源、交通和产业等重点领域绿色金融支持力度作为经济社会

---

① 叶燕斐，操群，洪卫，等. 进一步推动绿色金融发展的若干设想（上）［J］. 当代金融家，2020（6）：93-95.

② 叶燕斐，操群，洪卫，等. 进一步推动绿色金融发展的若干设想（下）［J］. 当代金融家，2020（7）：53-55.

发展的全面绿色转型的切入点。推动保险机构加强市场研究，提升绿色保险产品的开发、定价能力，更好地发挥保险保障和风险补偿的功能作用。根据公共财政、金融和社会资本的不同特点，探索各类资金合作的新模式、新路径和新机制，以促进节能减排。提升现有高碳行业能效，为节能减排技术改造项目提供资金支持。完善绿色建筑评价标准和体系，提高绿色金融服务质量，为绿色供应链升级改造和三废处理项目做强有力的保障。持续加强国际经济贸易合作，拓展绿色投资的范围和深度，提高境外投融资环境和社会风险管理能力，进一步加强金融业双向开放的质量和效益，进一步提高我国金融机构"走出去"及海外资本运作的能力和水平，践行责任投资和价值投资理念。

三、绿色金融实践案例

（一）绿色信贷案例

2021 年 10 月 11 日，联合国《生物多样性公约》第十五次缔约方大会（COP15）在云南省昆明市召开，大会以"生态文明：共建地球生命共同体"为主题，旨在倡导推进全球生态文明建设、实现"人与自然和谐共生"的美好愿景。中国作为加入《生物多样性公约》的国家，自觉担负起保护生物多样性的职责。保护生物多样性离不开金融的支持，我国银行金融机构在生物多样性保护领域不断进行绿色金融探索，助力生态环境持续改善。

案例一：建设银行支持云南省国家公园建设 [1]

1. 案例背景

云南省迪庆藏族自治州蕴藏着丰富的水电资源、矿产资源和旅游资源，由于其地理位置的特殊性（属于"三江并流"之地），还是世界自然遗产地的核心区域。如此丰沛的自然资源并没有给当地居民带来可观的经济效益，深入分析后发现，长期的症结在于资源开发势必会对环境造成破坏，二者的诉求难以兼顾，这一问题成为困扰"三区三州"[2]深度贫困地区实施脱贫的主要矛盾。

2. 案例内容

普达措国家公园景区位于云南省迪庆藏族自治州内，园区的建设主要由建设银行提供专项贷款。自 2006 年园区运营以来，建设银行已经为园区投入超过 13 亿元的贷款额度，主要用于园区的基础设施建设、开发、维护等各项工程。2017 年，园区又采取融资租赁模式与建设银行达成协议，贷款 5 亿元用于缓解园区运营资金紧张的压力。普达措国家公园的运营除了有效保护当地的生态环境、保护生物多样性，还为当地村民提供了就业岗位、经济帮助。政府通过实施生态反哺政策，将国家公园在生态、草场、旅游等方面获得的利益反哺给当地村民，使每户村民每年增加的收入超过 5 万元。国家公园建设不仅使当地村民实现了脱贫，而且还有效保护了

---

[1] 人民网. 中国建设银行：优化生物多样性保护信贷政策 助力建设和谐美丽家园 [EB/OL]. （2021–10–15）[2022–03–28]. http://finance.people.com.cn/n1/2021/1015/c1004-32254682.html.

[2] "三区三州"的"三区"是指西藏自治区，青海、四川、甘肃、云南四省藏区及南疆的和田地区、阿克苏地区、喀什地区、克孜勒苏柯尔克孜自治州四地区；"三州"是指甘肃省临夏回族自治州、四川省凉山彝族自治州和云南省怒江傈僳族自治州。

生态环境。

3. 案例启示

建设银行向普达措国家公园建设提供专项贷款，一方面解决了当地村民的贫困问题，另一方面有效保护了当地的生态环境和生物多样性。这种绿色信贷方式将资源开发利用与保护生态环境有机融合，既展现了金融机构生态扶贫的成效，从源头帮助了贫困县脱贫，又践行了我国生态文明建设思想，为我国美丽乡村建设提供了可借鉴的范本。

案例二：金融支持湖南省常德市"海绵城市"建设

1. 案例背景

2015年，湖南省常德市被列为16个海绵城市试点之一。自此，常德的海绵城市规划提上了日程。海绵城市一方面为常德的水灾防治、生态修复带来了转变的契机，另一方面也带来巨大的资金压力。根据具体规划，常德的海绵城市建设涉及110个项目，总投资约为200亿元。经过与建设银行签订合作协议，最终获得了银行的信贷支持。

2. 案例内容

常德市海绵城市建设的投资规模和融资需求巨大，经过与建设银行常德市分行协商沟通，最终创新推出了产业基金的模式，为常德的海绵城市绿色项目开辟了一条全新的融资渠道。该产业基金将建设银行作为牵头银行，协调、撮合各方资金供给者，使资金用途和来源更加灵活和多元化。产业基金主要投向常德市的河堤改造、水生物广泛种植、河道疏通、河道容积增储、地下管网和新型雨水泵站的修建、排水口改造、生态滤池建设等方向，使常德真正变成"海绵体"，水灾和内涝得到有效治理。创新融资模式为常德的绿色项目提供了重要的资金保障，最终使海绵城市建设基金成功注册。

3. 案例启示

案例中提及的产业基金及后续的海绵城市建设基金都是伴随城市建设发展过程创新融资模式的经典样本。该融资模式的优势，一是将商业银行由传统资金提供者转变为投融资服务的供应商、交叉金融平台的牵头方与协调人、撮合者；二是基金运作模式迎合了城市建设融资的实际需求，募集、投资、管理和退出等环节科学合理，资金来源、用途多样化，便于城市建设项目的灵活选择。本案例为城市建设与大自然和谐共生、低碳发展道路获得金融支持提供了经验借鉴。

案例三：内蒙古森工集团构筑祖国北疆绿色万里长城

1. 案例背景

内蒙古森工集团承担着内蒙古大兴安岭重点国有林区森林资源的经营保护工作，具体开展植树造林、森林抚育、森林湿地和野生动植物保护、日常巡护、森林防火、病虫害防治等。内蒙古大兴安岭重点国有林区是呼伦贝尔大草原和东北平原的生态安全屏障，也是黑龙江、嫩江的发源地，被誉为"北疆的绿色长城"。这片区域是我国生物多样性的重点地区，聚集着森林、草原、湿地等多种生态系统，为持续保护该地区的生态系统，内蒙古森工集团每年需投入巨额资金用于森林抚育和生态保护，除国家专项财政资金外，仍有巨大的资金缺口需要弥补，资金短缺问题成为该集团亟待破解的重要难题。

2. 案例内容

内蒙古森工集团根据实际经营状况及外部政策要求，与建设银行内蒙古分行签订合作协议，主要解决"天保工程"森林抚育和旅游项目建设资金需求，获得建设银行 7.27 亿元的综合授信额度。其中，森林抚育采用流动资金贷款形式，旅游项目建设主要包括达尔滨湖国家森林公园基础设施建设项目和莫尔道嘎国家森林公园旅游基础设施建设一期工程。此项贷款不仅有效缓解了内蒙古森工集团资金短缺的压力，同时对保护该地区的生物多样性、生态环境提供了重要的资金支持，大大提高了该地区的森林蓄积量和森林抚育力度，生态建设成效显著。

3. 案例启示

本案例以我国四大国有林区之一———内蒙古大兴安岭国有林区与建设银行合作为背景，通过银行综合授信缓解内蒙古森工集团的资金压力，统筹解决该集团在森林管护、森林抚育、森林旅游等方面的资金短缺问题。一方面，创新了银行的信贷模式，由传统的单一项目贷款变革为综合贷款模式；另一方面，商业银行支持国家森林公园建设，既为保护生态系统提供了信贷资金，又使内蒙古森工集团获得了经济收入，为改善我国国有林区的贫困现状提供了重要的参考依据。

（二）绿色债券案例

1. 案例背景

本案例为首只粤港澳大湾区（以下简称大湾区）绿色债券发行案例。2019 年 2 月 18 日，中共中央、国务院出台了《粤港澳大湾区发展规划纲要》

（以下简称《规模纲要》）。2020 年，中国人民银行等部门对外发布了《关于金融支持粤港澳大湾区建设的意见》。自此，大湾区进入加速发展阶段。根据《规划纲要》提出的发展定位，大湾区将建成国际一流湾区和世界级城市群，并形成以创新为驱动，以绿色为先导，以绿色金融促进资本、人力和技术资源充分配置的格局，充分发挥绿色金融在大湾区未来发展中的重要角色[①]。

2. 案例内容

2019 年 9 月，工商银行通过香港分行发行了首只大湾区绿色债券（表 8-2）。本次发行绿色债券募集的资金全部用于支持大湾区可再生能源、低碳及低排放交通等绿色资产项目，辐射大湾区内的多座城市。

表 8-2　工商银行香港分行发行大湾区绿色债券的基本情况[①]

发行日期	2019 年 9 月 9 日				
发行人评级	A1（穆迪）				
债项评级	A1（穆迪）				
发行类别	高级无抵押债券				
发行规则	Reg S				
ISIN	略	略	略	略	略
发行品种	三年期美元固定	三年期美元浮动	五年期美元浮动	两年期港币固定	一年期人民币固定
发行金额[①]	USD 500 000 000	USD 1 000 000 000	USD 1 000 000 000	HKD 4 000 000 000	CNH 1 000 000 000
募集资金用途	用于为大湾区范围内符合《中国工商银行绿色债券框架》中描述的合格绿色资产提供融资或再融资，包括可持续能源、低碳及低排放交通、能源效率和可持续水资源及废水管理等				
第二方意见	奥斯陆国际气候与环境研究中心（CICERO）根据绿色债券原则评定为"深绿"评级				

---

① 本案例参考和整理自《2019 中国工商银行股份有限公司绿色债券年度报告》。

续表

外部审核意见	北京中财绿融咨询公司根据中国绿色债券标准出具外部审核意见
认证意见	2019 年 8—9 月获得香港品质保证局（HKQAA）出具的发行前阶段绿色金融认证证书； 2020 年 9 月 14 日获得香港品质保证局（HKQAA）出具的发行后阶段绿色金融认证证书
挂牌上市	香港证券交易所

注：①USD 为美元，HKD 为港币，CNH 为离岸人民币（在中国大陆以外进行交易的人民币被称为离岸人民币）。
　　②表中内容仅作了解绿色债券基本情况之用，不作销售推荐。

3. 案例启示

本案例通过绿色债券支持大湾区绿色发展，并创新了融资渠道。一方面，有效提升了工商银行在跨地域、跨币种资金融通方面的业务能力；另一方面拓展了大湾区在物流、资金流、信息流方面的全方位互联互通功能。发行绿色债券，使大湾区的国际地位显著提升，既实现了资金融通的技术升级，又为绿色发展提供了重要的经验积累，是我国走绿色低碳发展道路、进行绿色投融资的具体实践。

（三）绿色保险案例

1. 案例背景

本案例为太平洋财产保险（以下简称太保产险）"e 农险"助力农业指数保险的案例①。2015 年，太保产险与中国农业科学院合作联合打造太保产品 "e 农险 1.0" 操作平台，用 "互联网 +" 这种全新的农险运营管理体系

---

① 本案例参考和整理自中国人民财产保险股份有限公司的《2020 企业社会责任报告》。

开启了太保产险现代化运作和管理的农业保险服务时代。"e 农险"体系的核心内容是搭建移动平台，与 IT 系统实现对接；开发各类 App 应用，符合移动应用属性；外围设备辅助，开发应用载体；业务流程再造，固化标准操作流程。之后，该操作平台不断完善升级，经历了从"e 农险 1.0"到"e 农险 5.0"的数字基础设施建设。在此基础上，2020 年 8 月，太保产险推出了"e 农险 FAST"，在绿色农险创新发展生态化、场景化、个性化的趋势下，"e 农险 FAST"通过与信息技术、互联网、云计算及大数据等的数字化结合，为绿色农业保险数字化创新中"实时感知响应"和"智能分析"提供了全新的解决方案，如农业气象指数保险在"e 农险 FAST"的支持下可以更及时、有效地帮助农户应对极端灾害，加强农户应对气候变化的能力。

2. 案例内容

宁波慈溪市是著名的杨梅之乡，在杨梅采摘期若遭遇持续降雨会造成杨梅产量和品质的下降，给农户带来较大的经济损失。太保产险依托"e 农险"数字运营平台通过影像采集处理、地理信息处理、电子芯片识别应用、无人机航拍应用、e 键承保 /e 键理赔、气象服务、风险地图、遥感综合服务、农险早知道、农户客户端等功能，针对宁波杨梅项目研发了气象指数保险自动理赔模式。在该模式下，梅农不需要等到最终收获季进行理赔，而是在损失发生后就进行实时理赔，有效鼓励了地方政府和梅农主动防灾、减灾及进行抗灾救灾。

大部分购买了气象指数保险的梅农在保险期结束后的第一天就可获得赔款，集体投保梅农在赔款金额公示后获得赔款，理赔工作在保险期结束后一周左右全面完成。气象指数保险自动理赔在慈溪市杨梅保险上的成功应用得到了当地政府和投保农户的广泛好评。

3. 案例启示

本案例应用农业气象指数保险作为绿色保险与数字技术结合的创新保险产品，解决了传统农业保险成本高、效率低、体验较差的服务难题。伴随我国农业保险政策环境的有效提升，基于数字技术应用的绿色商业模式创新将逐渐成为农业保险发展的趋势。创新绿色保险，建立多层次的农险体系，将有助于加快我国农业农村的现代化建设。

四、本章小结

本章以绿色金融的起源作为切入点，分析阐述了绿色金融概念的起源、演进，以及绿色金融实践的历程。通过对绿色金融体系的政策制度进行系统梳理，展现了我国绿色金融的发展脉络。通过研究发现，我国绿色金融政策体系对促进金融机构服务实体经济提供了政策支持，但在政策实施和落地环节仍存在一些亟待解决的问题。基于此，本章提出应从加强绿色金融理论建设、完善绿色金融政策框架、打造绿色金融高质量发展格局三个方面完善绿色金融体系。在此基础上，从绿色信贷、绿色债券、绿色保险三个领域的实践视角进行了案例分析，对我国绿色金融发展提出了经验借鉴和启示建议。综合评判来看，在国家绿色低碳发展的趋势下，以及碳达峰碳中和战略目标的驱动下，我国绿色金融体系已进入快速发展的黄金期。

案例篇

➔ 第九章　多层次实践案例

为贯彻落实《公约》和《巴黎协定》的要求，拯救人类自己，国际社会积极采取行动，推进温室气体减排，在国家、地区、企业、组织、产品和个人等不同层面开展了碳减排或碳中和的探索实践，取得了重要进展和明显成效。本章将从不同层面分析和介绍碳达峰碳中和实践与案例。在介绍国际碳达峰碳中和主要进展的基础上，分析和介绍欧盟及英国碳中和案例；通过对企业机构碳中和、产品碳中和、会议活动碳中和等案例及个人参与碳中和案例进行介绍和分析，阐述不同层面开展碳中和的路径和相关启示，对国家实现碳达峰碳中和重大战略目标和相关机构、个人开展"双碳"工作提供参考案例和经验借鉴。

自 2010 年以来，李金良教授曾参与或负责策划和组织实施 40 多个涉及国际国内重大会议、其他各类会议、重大活动、国际组织、企事业单位、金融机构、产品及个人等不同类型的碳中和实践案例。本章将选择其中的一部分典型案例，如联合国气候变化天津会议碳中和案例、亚太经合组织北京会议碳中和案例、二十国集团杭州峰会碳中和案例、中国绿色公司年会碳中和案例、国际机构碳中和案例、国内碳中和银行案例、国内包装企业碳中和案例、婚礼碳中和案例、"购买碳汇"履行义务植树案例、"碳汇公益礼品卡"助力碳中和案例进行分析和分享,为有关单位和个人开展碳中和相关实际工作提供案例参考、做法、经验和启示。

一、经济体碳达峰碳中和实践案例

为积极应对气候变化,保护我们的地球母亲,履行国际承诺和历史责任,国际社会正在积极推进温室气体减排,努力实现碳达峰,强力推进碳中和。本节将介绍国际碳达峰碳中和的进展及有关案例。

(一)国际碳达峰的进展

从本书第三章的中国碳达峰碳中和面临的形势中,我们可以看到国际碳达峰的进展情况。在过去 120 年的时间里,全球已经有 54 个国家和地区的二氧化碳排放达到峰值,到 2030 年实现碳达峰的国家和地区数量将增加到 57 个。这是令人兴奋的。但是,我们知道,碳达峰只是一个过程,更重要的是要实现碳中和!

美国于 2007 年实现碳达峰,达峰时二氧化碳排放量为 61.31 亿吨;英国于 1971 年实现碳达峰,达峰时二氧化碳排放量为 6.60 亿吨;德国和法国均是 1979 年实现碳达峰,达峰时二氧化碳排放量分别为 11.18 亿吨和 5.31 亿吨;欧盟 27 国平均达峰时间为 1979 年,达峰时二氧化碳排放量为 41.06 亿吨。中国政府宣布了"3060"目标,预计峰值为 108 亿吨。从碳达峰到实现碳中和,欧盟经过长达 60 年的时间,美国接近 45 年,而中国争取在 30 年内实现这一过程（从宣布到实现碳中和也只有短短40年时间）。中国碳达峰碳中和战略目标不是轻轻松松就可以实现的，作为一个发展中国家，中国需要付出更加艰苦卓绝的努力、战胜重重艰难险阻，才有可能实现预期目标。

（二）国际碳中和的进展

截至2021年，国际上已有137个国家和地区提出了碳中和目标[①]。大部分国家和地区计划在2050年实现碳中和或净零排放，如欧盟、英国、法国、丹麦、新西兰、匈牙利、德国、瑞士、挪威、葡萄牙、比利时、韩国、加拿大、日本、南非等（表9-1）。美国承诺在2050年前实现碳中和。有些国家计划实现碳中和的时间更早一些，如乌拉圭提出在2030年前实现碳中和，芬兰在2035年前实现碳中和，冰岛和奥地利在2040年前实现碳中和，瑞典在2045年前实现碳中和。苏里南和不丹已经分别于2014年和2018年实现了碳中和目标，进入负排放时代，但是这两个国家的经济还很不发达，今后需要在发展经济中维持好碳中和。

在已提出碳中和或净零排放目标的国家和地区中，大部分采用政策宣示；少部分将碳中和目标写入法律，如瑞典、苏格兰、英国、法国、丹麦、新西兰、匈牙利；还有一部分国家和地区，如欧盟、西班牙、智利、斐济

---

① 中国科学院武汉文献情报中心战略情报中心先进能源科技战略情报研究团队，中国科学院文献情报中心情报研究部生态文明研究团队，中国科学院西北生态环境资源研究院文献情报中心资源生态环境战略情报研究团队，等.趋势观察：国际碳中和行动关键技术前沿热点与发展趋势［J］.中国科学院院刊，2021，36（9）：1111-1115.

等正在碳中和立法过程中①。

表 9-1　世界各国家和地区承诺碳中和时间

国家/地区	进展情况	碳中和年份/年
不丹	已实现	2018 年起负排放
苏里南	已实现	2014 年起负排放
乌拉圭	政策宣示	2030
芬兰	政策宣示	2035
奥地利、冰岛	政策宣示	2040
瑞典、苏格兰	已立法	2045
英国、法国、丹麦、新西兰、匈牙利	已立法	2050
欧盟、西班牙、智利、斐济	立法中	2050
德国、瑞士、挪威、葡萄牙、比利时、韩国、加拿大、日本、南非	政策宣示	2050
美国	拜登承诺	2050
中国	政策宣示	2060
其余数十个国家	政策讨论中	2050

资料来源：Energy & Climate Intelligence Unit 等网站。

（三）欧盟碳中和案例

1. 案例背景

作为具有 27 个成员国的"超国家"经济体，欧盟的历史累积排放量约占世界总量的 1/4，是国际上温室气体排放最多的经济体之一。欧盟是《巴黎协定》的坚定维护者和践行者，也是国际上率先提出碳中和计划的一个经

---

① 第一财经.中国人民银行国际司青年课题组：主要国家实现"碳中和"路线图［EB/OL］.（2021-03-28）［2022-03-28］.https://mp.weixin.qq.com/s/soe40C3oz8Q_4H8S8AmD4A.

济体。根据欧盟委员会发布的数据，原有的欧盟减排政策到 2050 年只能减少 60% 的温室气体排放量。基于这种严峻的碳减排形势，欧盟委员会决定提高欧盟 2030 年和 2050 年的温室气体减排目标。新减排目标是将 2030 年欧盟温室气体减排目标提高到在 1990 年的水平上至少减排 50%，并努力减排 55%；到 2050 年实现碳中和。为了积极应对全球气候变暖，拯救人类生存的地球家园，欧盟委员会制定了强有力的政策和法律，采取积极行动，强力推进整个欧盟的碳中和。根据全球碳项目（Global Carbon Project）的统计数据，欧盟整体早在 1979 年已实现二氧化碳排放达峰，达峰时的二氧化碳排放量为 41.06 亿吨（欧盟 27 国）[1]，至今欧盟所有成员国已经全部实现碳达峰，正在努力实现 2050 年温室气体净零排放。欧盟碳中和实践在国际上具有很高的示范效应。

2. 案例内容

从 2018 年提出"全人类的清洁星球"战略（A Clean Planet for All）到 2019 年发布《欧洲绿色协议》（*the European Green Deal*），再到 2020 年提出《欧洲气候法》（*the European Climate Law*），欧盟不断修正碳中和政策和行动，其目的在于保证到 2050 年实现温室气体净零排放的目标[2]。下面对欧盟的这三个与碳中和相关的政策法律进行扼要分析[3]。

（1）"全人类的清洁星球"战略

2018 年 11 月 28 日，欧盟发布《全人类的清洁星球：建立繁荣、现代、

---

① https://ourworldindata.org/co2-dataset-sources.

② 泛能源大数据知识服务.国际碳中和政策和行动——欧盟［EB/OL］.（2021-06-01）[2022-03-25]. https://mp.weixin.qq.com/s/sPzrYlMOxykdTinX3bvY8Q.

③ 国外碳中和的法律政策和实施行动［N］.中国环境报，2021-04-16（06）.

有竞争力且气候中和的欧盟经济体的长期战略愿景》，目的在于到 2050 年
实现温室气体的净零排放。为此，到 2050 年，欧盟将在 1990 年的基础上
实现减排 80%，其阶段性目标为 2030 年前减排 40%，2040 年前减排 60%。
该战略强调，打造温室气体中和的欧盟经济体，要求欧盟所有成员国在 7
个战略性领域重点采取联合行动①：

①最大限度地提高能源效率的效益，包括零排放建筑；

②最大限度地利用可再生能源和电力，使欧盟的能源供应系统完全
脱碳；

③支持清洁、安全、互联的出行方式；

④通过有竞争力的欧盟产业和循环经济推动温室气体减排；

⑤建设充足的智能网络基础设施和互联网络；

⑥从生物经济中全面获益并增加基本的碳汇；

⑦通过碳捕集与封存（CCS）技术处理剩余的二氧化碳排放。

（2）《欧洲绿色协议》

2019 年 12 月 11 日，欧盟发布《欧洲绿色协议》。这个协议的目的在于
将欧盟转型为一个公平、繁荣的社会及富有竞争力的资源节约型现代化经
济体，到 2050 年实现温室气体净零排放及经济增长与资源消耗的脱钩。该
协议特别提出了以下 8 条转型路径，以促进欧盟经济向可持续发展转型②：

① 秦阿宁，孙玉玲，王燕鹏，等.碳中和背景下的国际绿色技术发展态势分析［J］.世界科技研究与发展，2021，43（4）：385-402.

② 张亮.全球各地区和国家碳达峰、碳中和实现路径及其对标准的需求分析［J］.电器工业，2021（8）：64-67.

①提高欧盟 2030 年和 2050 年的气候目标；

②提供清洁、可负担和安全的能源；

③推动工业向清洁循环经济转型；

④高能效和高资源效率地建造及翻新建筑；

⑤实现无毒环境和零污染目标；

⑥保护与修复生态系统和生物多样性；

⑦ "从农场到餐桌"，建立公平、健康、环境友好的食品体系；

⑧加快向可持续及智慧出行转型。

（3）《欧洲气候法》

2020 年 3 月，欧盟委员会通过了《欧洲气候法》提案^①，其目的在于将 2050 年实现温室气体净零排放的目标纳入法律体系。2020 年 9 月，欧盟委员会修改了《欧洲气候法》提案，提供了减排目标。2021 年 4 月，欧洲议会通过《欧洲气候法》，6 月 28 日欧盟理事会通过《欧洲气候法》，从而结束了《欧洲气候法》的立法程序，正式将《欧洲绿色协议》中关于实现 2050 年碳中和的承诺转变为法律强制约束。《欧洲气候法》中明确要采取以下必要措施：

①为减少温室气体排放提出 2030 年新目标，即将温室气体排放与 1990 年水平相比削减至少 55%，并将其纳入《欧洲气候法》；

②到 2021 年 6 月，评估并在必要时建议修订所有相关政策，以实现 2030 年额外的减排量；

---

① 刘霞.欧盟委员会提交《欧洲气候法》[N].科技日报，2020-03-06（08）.

③欧盟将提议通过 2030—2050 年欧盟范围温室气体减排路线图，以测量减排进展，并为政府、企业和公民提供可预测性；

④从 2023 年 9 月开始，此后每 5 年评估欧盟和各成员国采取的措施是否与气候中和目标和 2030—2050 年行动路线保持一致；

⑤欧盟委员会将有权向行动不符合气候中性目标的成员国提出建议，成员国将有义务适当考虑这些建议或提出解释；

⑥各成员国应制定和实施适应战略，增强气候防御能力，降低气候变化带来的影响。

此外，2021 年 4 月 21 日，欧盟还达成了《欧洲气候法》条例的临时协议①，将到 2050 年建立一个气候中和的欧盟纳入法律。

3. 案例启示

欧盟作为一个由 27 个成员国组成的超国家经济休，从分析经济发展和碳减排之间的关系出发，深刻认识到应对气候变化和经济绿色转型的重要性，并采取了有效的法律、政策和措施，分阶段推进碳中和，特别是制定了"全人类的清洁星球"战略，出台了绿色转型路径《欧洲绿色协议》，制定了《欧洲气候法》，把碳减排、碳中和逐步纳入法制轨道。此外，欧盟在《欧洲气候法》条例的临时协议中突出了碳汇的重要作用。欧盟在实施碳中和过程中的政策保障、立法优先、高位推进对于推进我国碳中和实践具有十分重要的意义，这些做法和经验值得借鉴。

---

① 欧盟委员会.欧盟气候法：委员会和议会达成临时协议［EB/OL］.（2021-05-05）［2022-03-25］. https://www.consilium.europa.eu/en/press/press-releases/2021/05/05/european-climate-law-council-and-parliament-reach-provisional-agreement/.

（四）英国实践案例

1. 案例背景

英国早在 1971 年就实现了本土碳达峰。在积极应对气候变化、推进碳减排、实现净零排放目标方面，英国制定了法律政策，采取了一系列承诺和改革举措，在应对气候变化领域处于国际领先的地位。

2. 案例内容

英国在国际上率先开展应对气候变化与碳中和立法，制定有关政策，采取有力措施[①]，推进应对气候变化和净零排放目标的实现。

（1）立法与政策举措

英国议会于 2008 年通过了《气候变化法案》（*Climate Change Act*），确定了 2050 年温室气体排放量将比 1990 年减少 80% 的长期减排目标[②]，率先成为全世界第一个为应对气候变化进行立法的大国，为相关政策提供了史无前例的必要法律保障。在该法案通过后的 10 多年来，英国温室气体减排的成效显著，2018 年的排放量比 2008 年下降了 30%。

签署《巴黎协定》后，英国加快了推进碳中和目标的进程。2019 年 6 月，英国提出《气候变化法案（2050 目标修订案）》，以及以 2008 年《气候变化法案》和《气候变化法案（2050 目标修订案）》为核心的一系列法律政策框架，确定了到 2050 年实现温室气体净零排放的目标。在电力、能源、

---

① 北极星大气网."碳中和"专题系列研究报告 | 碳中和对标与启示（英国篇）[EB/OL].（2021-07-27）[2022-03-25]. https://huanbao.bjx.com.cn/news/20210727/1166158.shtml.

② 中国天气网.英国通过《气候变化法案》[EB/OL].（2009-03-06）[2022-03-25]. http://www.weather.com.cn/index/lssj/03/18816.shtml.

交通等五大领域，英国制定了更为具体的举措和 10 个战略子目标，率先成为第一个以法律形式确立到 2050 年实现"净零排放"的主要经济体，将清洁发展置于现代工业战略的核心[①]。

在此基础上，2020 年 11 月，英国宣布了一项涵盖 10 个方面的"绿色工业革命"计划。这 10 项计划是围绕英国的优势设立的，包括海上风能，氢能，核能，电动汽车，公共交通、骑行和步行，Jet Zero（喷气飞机零排放）理事会和绿色航运，住宅和公共建筑，碳捕获，自然，创新和金融。2020 年 12 月，英国宣布了最新的减排目标，承诺其 2030 年的温室气体排放量与 1990 年相比至少降低 68%。

（2）主要做法

一是加速淘汰燃煤发电，并且扩大清洁能源发电规模。1980 年以前，英国约有一半以上的电力供应来自煤炭。英国政府制定了到 2025 年完全淘汰燃煤发电的目标并快速落实。截至 2020 年年底，英国在运行的燃煤电站只剩余 4 座。该目标有望提前至 2024 年完成。为实现 2050 年净零排放目标，英国政府提高了以风力和太阳能为核心的低碳电力的比例，计划到 2030 年海上风力发电的规模扩大 4 倍。另外，核能，经碳捕集、利用与封存技术处理的天然气，以及氢能将在英国未来电力燃料中占有一定比重。

二是推动低碳农业生产技术，细化低碳农业激励政策，推进农业"净零排放"。为了实现农业部门在 2040 年前达到农业净零排放的目标，英国气候变化委员会从 3 个层面提出了以技术为关键杠杆的方法框架。①通过

① 新浪网.英国立法确认在 2050 年实现温室气体"净零排放"[EB/OL].（2019-06-27）[2022-03-25].https://news.sina.cn/gj/2019-06-27/detail-ihytcitk8151110.d.html.

多种措施，在实现提高农业生产力的同时减少碳排放，包括改善粪肥管理、改进牲畜和耕种生产方法、减少相关建筑物和农业机械的碳足迹等。②种植树木，保护和修复土壤，增强农田的碳吸收能力与储量，如种植更多适当的能源作物，恢复土壤有机碳以提高土壤肥力、恢复泥炭地等。根据英国气候变化委员会的一项建议方案，英国到2050年要将1/5的农业用地转用于自然修复，方能实现预期目标。③增加可再生能源和生物能源的使用，并通过自行种植芒属植物等生物能源作物实现能源的自给自足，并在增加生产作物多样性和预防土壤有机碳流失的同时实现额外收入。

此外，英国还在尝试通过增加市场激励措施的方式，鼓励农业从业者更积极地参与碳减排活动，并更多支持在环境土地管理方面的市场投资。具体措施主要有：①向农业和林业提供选择性的资金补贴，奖励包括碳管理在内的公益服务；②鼓励培训并使用碳盘查、碳审计和减排规划工具，并根据可证实的环境改善成果来提供补贴或激励款项；③增强对农业问题的研究投入，启动更多的试点计划，同时为农民提供高质量和可信赖的信息咨询、培训和指导服务，提升农民对低碳农业措施的接受度，推动农民网络组织的形成和有关倡议的发起。

三是绿色投资银行私有化，提高社会资本撬动比例。早在2012年，英国绿色投资银行就由英国政府全资设立，成为全球第一家绿色投资银行。2016年，为吸引私人资本参与绿色投资，英国政府启动了英国绿色投资银行的"私有化"进程，将其以23亿英镑出售给澳大利亚麦格理集团，并更名为"绿色投资集团"，此后通过发行绿色债券等方式来筹集资本。目前，绿色投资集团除了传统业务，还同时开展绿色项目实施和资产管理服务、绿色评级服务、绿色银行顾问服务、绿色领域的企业兼并重组等多项新业务。

3. 案例启示

英国深刻认识到应对气候变化的重要性，高度重视应对气候变化立法，在国际上率先出台《气候变化法案》，并结合落实《巴黎协定》的需要，提出《气候变化法案（2050 目标修订案）》，从法律上确立了到 2050 年实现温室气体净零排放、推进温室气体排放中和的目标；同时，采取了积极有效的政策措施，积极开展减排实践，有效推进了碳减排和净零排放。英国强调立法优先、政策保障、高位推进，重视电力结构调整、低碳农业转型和金融支持，其做法和经验对于我国的碳达峰碳中和实践具有重要的参考价值，值得借鉴。

二、企业机构碳中和实践案例

为积极应对气候变化，履行社会责任，国内外具有社会责任感的企业开始行动，积极制定和实施碳中和战略，减少碳排放，推动碳中和。本节将采用案例的方式介绍企业和机构是如何实现碳中和的。

（一）国际首家碳中和银行案例

1. 案例背景

这是全球第一个碳中和银行——汇丰银行的实践案例。

与其他企业一样，银行机构在运作中同样有能源消耗，也会产生碳排放。银行的贷款和投资行为会直接影响各个行业和项目的能源消耗和碳排放。汇丰银行十分重视气候问题，把碳中和计划纳入了自身可持续发展战略，并且采取措施、积极实践，早在 2005 年就率先成为全球首家碳中和的大型国际银行[1]。

2. 案例内容

汇丰银行通过减少自身运营产生的碳排放、购买绿色电力、抵消剩余的二氧化碳排放量等一系列举措来实现碳中和，从而在日常运营过程中达到了零碳排放。汇丰银行于 2005 年成为全球首家碳中和国际银行。同时，汇丰银行还确定了减碳目标：到 2030 年，其电力供应 100% 来自可再生能源，到 2025 年的中期目标是 90%。

汇丰银行碳中和计划包括 3 个方面：①管理和减少银行的直接排放；②通过购买"绿色电力"减少使用电力的碳排放系数；③通过购买碳减排量抵消剩余的碳排放量，以达到碳中和的目标。

在碳信用类型的选择方面，汇丰银行购买的多数自愿减排量（VER）主要来自中国、印度、泰国等发展中国家，主要投资于可再生能源项目以获得碳信用，以此来进行碳中和。其好处有两个，一是支持新兴市场，二是发现可再生能源项目，为这些项目提供资金以支持清洁技术。例如，汇丰中国采取的减少碳足迹举措包括在总部及各地分行安装视频与电话会议设施，以减少商务飞行的需求和二氧化碳排放；使用双面打印机，以减少纸张的使用；实施夏季员工商务便装安排，调高空调的温度，减少能耗；

① 李梅影．"碳中和"的投资契机［N］．21 世纪经济报道，2011-05-10（022）．

汇丰中国各地分行及支行的所有日光灯管都已陆续换成了节能灯管，此举可帮助汇丰中国每年减少近 65 万度[①]的耗电量，相当于减少 429 吨以上的碳排放量，并节省电费约 65 万元。

汇丰银行的减排效果明显，2011 年每年的碳足迹将近 100 万吨，经过 8 年的减排努力，2018 年其碳排放降低至 55.9 万吨[②]。

3. 案例启示

汇丰银行作为一家金融企业，积极开展碳减排和碳补偿，率先实现了碳中和，并且取得了明显效果，成为全球第一家碳中和银行，对于引领全球金融机构践行低碳办公、推动碳中和具有重要意义。此外，汇丰银行采取减少直接排放、购买绿色电力和购买碳信用指标实现碳中和的方式也值得我国和其他国家的金融机构及相关企业学习借鉴。

（二）国内碳中和银行实践案例

1. 案例背景

2010 年，中国光大银行通过购买碳信用中和碳足迹，成为国内首家碳中和银行。为继续推动中国碳中和银行的探索实践，2014 年在有关机构的积极推动下，中国建设银行浙江省分行在我国东部地区率先采用林业碳汇探索碳中和银行建设之路[③]。

---

① 1 度 =1 千瓦时。

② 汇丰股份有限公司. 环境、社会及管治报告［R/OL］.（2019–04–02）［2022–03–25］.https://www.cfi.net.cn/p20190408000481.html.

③ 临安新闻网. 农户森林经营碳汇交易体系，探索临安农户碳汇交易之路［EB/OL］.（2014–10–22）［2022–03–28］. http://www.lanews.com.cn/3nkt/content/2014-10/22/content_5652126.htm.

2. 案例内容

2014 年 10 月，中国建设银行浙江省分行与业主代表及华东林业产权交易所签订了托管和购买协议，购买了来自临安的首个农户森林经营试点项目的首批 42 个农户的碳汇 4285 吨。

根据专业机构碳核查结果，中国建设银行浙江省分行采用购买农户森林经营碳汇的方式抵消了该单位 2013 年度办公大楼的碳排放，实现了碳中和银行的目标。

中国绿色碳汇基金会授予中国建设银行浙江省分行 2013 年度"碳中和银行"的牌匾。中国建设银行浙江省分行成为国内支持农户森林经营碳汇交易的银行，是国内金融机构积极参与应对气候变化、践行低碳办公生产、履行社会责任的代表。

3. 案例启示

在国际社会积极应对气候变化和国内贯彻落实碳达峰碳中和战略目标的新形势下，开展银行碳中和的探索实践具有引领示范作用，对于促进其他金融机构开展低碳办公、消除碳足迹、实现碳中和、促进推动金融机构向碳中和领域投资等方面具有重要意义。特别值得一提的是，中国建设银行浙江省分行率先购买来自农民森林经营碳汇进行碳中和，在促进农民就业增收、落实乡村振兴战略、推进森林经营、建设绿水青山、促进生态产品价值实现等方面具有重要的实际意义。

（三）国际机构碳中和实践案例

1. 案例背景

国际竹藤组织（International Network for Bamboo and Rattan，INBAR）是第一个总部设在中国的独立、非营利性的政府间国际组织。气候变化是国际竹藤组织关注的重要领域。为积极应对气候变化，推动温室气体减排，引领绿色低碳办公，国际竹藤组织决定开展公务出行碳中和行动[①]。

2. 案例内容

国际竹藤组织在机构内部创建了碳补偿基金。该基金按照中国绿色碳汇基金会的碳计量标准，将其从职员的旅行中提取相应比例的费用捐给中国绿色碳汇基金会用于营造竹林，以吸收固定二氧化碳，最终补偿该机构当年的公务出行活动造成的碳排放。

经专业机构核算，国际竹藤组织 2010 年公务出行造成的碳排放总计 61 吨二氧化碳当量。国际竹藤组织向中国绿色碳汇基金会捐款 1.1 万元在浙江临安实施了 7.5 亩新造竹林碳汇项目，以抵消 2010 年该组织公务飞行所有的碳排放。

经专业机构核算，2011 年国际竹藤组织公务出行造成的温室气体排放总计 75 吨二氧化碳当量。国际竹藤组织向中国绿色碳汇基金会捐款 1.2311 万元在浙江临安营造 8.5 亩毛竹碳汇林，以抵消 2011 年该组织公务飞行所有的碳排放。

---

① 中国绿色碳汇基金会网站 .2011 国际竹藤组织碳中和项目［EB/OL］.（2016-04-05）［2022-03-25］. http://www.thjj.org/sf_3E0672AE8D0A455B90FC2A24F80F089F_227_D3521F8F997.html.

本案例实际受益方为当地社区农户，全部造林工程已于 2012 年 10 月底完工。

3. 案例启示

作为落户中国的国际组织，国际竹藤组织高度关注应对气候变化，与专业机构合作，积极采用竹林碳汇开展该组织的公务出行碳中和实践，对于引领国际上竹藤行业企事业单位和相关组织机构开发竹林碳汇、建设绿水青山、促进生态产品价值转化、减缓和适应气候变化、推动碳中和实践、扩大竹藤产业的国际影响力等具有重要意义。

（四）国内包装企业碳中和案例

1. 案例背景

为倡导企业积极参与应对气候变化行动，开展碳补偿，推动碳中和，2011 年在中国绿色碳汇基金会的积极倡导下，福建泉州建峰包装用品有限公司开展了碳中和企业的实践活动 [①]。

2. 案例内容

经专业机构测算，福建泉州建峰包装用品有限公司 2010 年度生产过程中的碳排放共计 5081 吨二氧化碳当量。该公司捐资 10 万元，由中国绿色碳汇基金会在福建省建宁县营造 150 亩的碳汇林，林木生长 20 年的过程中将把该企业 2010 年生产过程中排放的二氧化碳全部吸收，从而实现碳排放和碳吸收相等、正负抵消，完成碳中和目标。

---

① 梁川. 首届"绿化祖国·低碳行动"植树节公益活动启动 [J]. 造纸信息，2011（4）：64-65.

中国绿色碳汇基金会首次授予福建泉州建峰包装用品有限公司"2010年度碳中和企业"称号，并授权其产品使用相应的碳中和企业标识，其目标是表彰热心公益事业，重视低碳生产的捐资企业，激励更多的企业参与绿色碳汇公益事业，为共同应对气候变化做出不懈努力。

3. 案例启示

作为制品包装企业，福建泉州建峰包装用品有限公司早在2011年就率先探索，采用林业碳汇进行企业碳中和实践，并建成福建省的首片碳汇林，在实现企业自愿减排、主动履行社会责任、展示企业负责任的社会形象等方面发挥了引领示范作用。在当前国家高度重视碳达峰碳中和的新形势下，福建泉州建峰包装用品有限公司率先开展碳中和行动，对于引导国内包装企业及其他行业的企事业单位采用林业碳汇、参与碳补偿、消除碳足迹、建设美丽中国、推动绿色发展、贯彻落实碳达峰碳中和重大战略决策等具有重要意义。

三、产品碳中和实践案例

据现有报道，当前国内外推出的碳中和产品（商品）还不多见，随着国际社会积极贯彻落实《巴黎协定》的要求，特别是碳达峰碳中和越来越深入人心，今后将有更多的碳中和产品问世。本节采用案例分析的方法，介绍碳中和产品的实现途径和意义、启示，为我们推出碳中和产品提供实际案例和做法、经验。

（一）国外碳中和机油案例

1.案例背景

本案例为路虎碳中和专享机油。

为积极应对气候变化，路虎提出"以减量排放为未来增色"的理念，并付诸实际行动。路虎坚持践行可持续发展的理念，实施二氧化碳减排计划。在此背景下，路虎联手嘉实多推出嘉实多极护路虎专享机油，并获得碳中和国际认证。

2.案例内容

路虎网站[①]显示，路虎通过对嘉实多极护路虎专享机油进行碳中和获得了碳中和的专享机油——根据温室气体核查标准，核算润滑油的碳足迹，致力于在产品的整个生命周期内减少二氧化碳排放，并通过碳补偿的方式中和剩余的碳足迹，最终实现产品的碳中和。具体做法如下：

（1）减排：减少产品生命期内每一阶段的二氧化碳排放

原材料：供应商意识到二氧化碳排放会对环境造成影响，正在努力提高节能环保原材料的使用。

生产：制造工厂用各种方式减少二氧化碳排放。在欧洲，采用领先的低温调配技术来达到这一目标。

配送：在交付嘉实多专享产品时，物流采用高效的物流方案以减少二氧化碳排放，包括使用电动和混合动力的车辆及优化的运输路线。

---

① 路虎官方网站.二氧化碳减排计划［EB/OL］.（2022-03-25）［2022-04-25］.https://www.landrover.com.cn/ownership/promote-and-activities/emission-reduction-plan.html?utm_source=baidu&utm_medium=PCbrandzone&utm_campaign=textlink1.

使用：研发可以减少发动机零部件磨损并延长换油周期的润滑油产品。

处理：鼓励经销商使用有效的现代化方法来处理使用过的机油。通过试用新型系统，未来也许可以循环利用使用过的机油，从而大大减少二氧化碳的排放。

（2）中和：实施碳中和行动

路虎通过在全球各地开展碳减排项目中和剩余的碳排放。一方面，该公司组织专家组独立对六大洲的碳补偿项目进行审核和选择，以确保这些项目可为当地社区带来环境和社会经济效益。例如，利用林业碳汇就是路虎采用的一个重要的中和手段。路虎购买了位于肯尼亚的 Meru 和 Nnyuki 的造林项目。该项目采用 VCS 和 CCB 标准进行开发。肯尼亚有 8000 多个小型农场主参加了在肯尼亚山坡周围实施的这个社区造林项目，他们会因种植的树木而获得相应的报酬，并且随着这些树木的生长和碳汇的增加还将继续获得收入。不仅如此，他们还可以从森林的产品中受益，包括食物、燃料和药物。另一方面，路虎还购买了甲烷捕获、生物能转化、垃圾填埋气体处理、风力发电等减排项目的减排量进行碳中和。

3. 案例启示

作为领先的汽车生产商，路虎积极坚持可持续发展理念，在业内率先开展润滑油的碳中和实践，起到了良好的引领示范作用，对汽车行业碳达峰碳中和具有重要的参考价值。特别是，路虎在嘉实多极护路虎专享机油的碳中和实践中坚持减排优先、中和次之的原则，先是减少了产品生命期内每一阶段的二氧化碳排放，尽量降低大气层的负担，再在充分减排的基础上，对于不得不排放的二氧化碳才使用碳补偿项目进行抵消、中和。路虎在专享机油碳中和方面的两步走路径不仅有利于减碳和中和，而且科学合理、具有可操作性，值得相关企业和行业学习与借鉴。

（二）国外碳中和油气案例

1. 案例背景

本案例为壳牌碳中和油气产品。

壳牌是目前全球大型能源企业之一，以负责任的方式提供能源，同时通过尽可能降低能源使用对地球的影响帮助世界走向未来[①]。与其他石油企业一样，壳牌面临着来自股东的压力，要求展示其碳减排计划，减少温室气体排放。来自英国及欧盟的用户也越来越关心个人行为对环境的负面影响，要求在气候变化问题上采取更大力度的行动。为适应人们关心和积极应对气候变化的需求，根据可持续发展战略，壳牌在国际上率先为消费者提供碳排放补偿活动。

2. 案例内容

根据壳牌全球英文网站[②]，壳牌正在努力减少自身运营的碳排放，同时减少客户使用能源的温室气体排放。对此壳牌采用了多种解决方法，包括提高自身运营的能源效率；销售更多更清洁的天然气；利用太阳能和风能发电；提供低碳燃料，如生物燃料和氢，以及更多的电动汽车充电站。

特别值得关注的是，壳牌支持基于自然的解决方案。根据 IPCC 的研

---

① 壳牌中国网站. 我们的业务［EB/OL］.（2022-03-25）［2022-04-25］.https://www.shell.com.cn/zh_cn/about-us/what-we-do.html.

② 壳牌全球网站. 基于自然的解决方案［EB/OL］.（2022-03-11）［2022-03-25］.https://www.shell.com/energy-and-innovation/new-energies/nature-based-solutions.html.

究，基于自然的解决方案可以对将全球变暖控制在 1.5℃以下发挥重要作用。基于此，壳牌认为，基于自然的解决方案可以为自身的能源业务在2050 年或更早之前实现净零排放目标做出巨大贡献。基于自然的解决方案可以在降低自身销售的能源产品的碳强度方面发挥作用，并抵消客户使用壳牌能源产品所产生的碳足迹。同时，壳牌发布了一项雄心勃勃的投资自然生态系统的 2 亿美元计划，用于为客户生产做碳补偿、碳中和的碳信用指标。

壳牌计划对利用自然生态减少二氧化碳排放的项目（主要是碳汇项目）进行大量投资，并使之带来更广泛的效益。已启动的碳汇项目主要有 3 个：①支持荷兰国家林业部（the Dutch National Forestry Department）在未来 12 年内种植 500 多万棵树；②与土地生命公司（Land Life Company）签署了一项协议，在西班牙实施建立一个 300 公顷的再造林项目，在卡斯蒂利亚 –莱昂地区（Castilla y Leon region）已经种植了大约 30 万棵树；③与苏格兰政府机构苏格兰林业和土地局（Forestry and Land Scotland）开展合作。在未来几年，壳牌将帮助种植或更新造林大约 100 万棵树。不过这几个项目正在实施中，还未产生经核证和签发的碳信用指标。

壳牌还开展了买卖碳信用指标的业务，成为世界上知名的碳信用交易商之一。壳牌购买的碳汇项目越来越多，从而帮助了更多客户进行碳中和，实现了对客户的可持续发展承诺。我们知道，壳牌将从全球多个基于自然的解决方案的项目中购买碳汇指标（碳信用），其购买的项目众多且类型多样，包括森林、湿地和其他自然生态系统项目，在减少碳排放和增加碳汇的同时造福了生物多样性和当地社区。例如，壳牌购买了中国多个 VCS 造林项目、秘鲁的科迪勒拉 Azul 国家公园项目、印度尼西亚的 Katingan 泥炭地恢复和保护项目，以及美国的 GreenTrees 再造林项目等。

壳牌已经开始在荷兰和英国的壳牌加油站向客户提供基于自然的碳信用（碳汇），以抵消客户购买的壳牌燃料在提取、提炼、分销和使用过程中产生的二氧化碳排放。壳牌还为在欧洲和亚洲约 10 个国家和地区运营重型和轻型车队的商业客户提供基于自然的碳信用额，并开展碳补偿服务。此外，壳牌还向一些商业客户交付了碳中和液化天然气。对于海洋润滑剂客户，壳牌为其提供基于自然的碳信用。这些服务补充了壳牌现有的服务，帮助船主和运营商提高其船舶的发动机效率，减少能源和润滑油的使用。

下面具体介绍壳牌碳中和汽油、柴油及液化石油气的做法。

壳牌在荷兰和英国为客户推出碳中和汽油、柴油及液化石油气的服务；通过"碳中和驾驶"，让客户轻松减少碳足迹；购买了经审定核证机构（VVB）认证和注册机构签发的碳汇信用，客户每购买 1 个碳信用代表着补偿或中和了 1 吨的二氧化碳排放。

从 2019 年开始，在荷兰和英国壳牌加油站加油的客户可以通过购买碳信用来实现碳中和，而壳牌将向加油客户提供以下服务选择：对于选择壳牌 V-Power 汽油或优质柴油的客户来说，将不会产生额外的碳补偿费用（V-Power 汽油或优质柴油的价格中已包括碳中和的费用①）；对于购买普通级汽油、柴油或液化石油气的消费者，可以以 1 美分/升的价格参加该计划，或者注册壳牌的 Miles & Me 奖励计划，从而获得免费的碳信用指标。

---

① 例如，当时 V-Power 汽油单价为 3.12 美元，常规汽油单价为 2.92 美元，优质柴油单价为 2.99。

在为购买汽油或柴油提供碳抵消时，壳牌还鼓励消费者加入其他计划，如 Green Gas，让消费者能够在加油时进行小额捐赠以抵消其碳排放；再如 Green Print，它在美国及海外市场提供零售商前端的碳抵消计划。

3. 案例启示

作为全球最大的燃油公司，壳牌顺应消费者的环保要求，积极减缓气候变暖，开展了油气碳中和行动，取得了很好的效果。消费者只需额外支付很少的费用，就可以参与减缓气候变化的伟大行动，消除碳足迹，实现碳中和。与此同时，壳牌作为碳中和产品提供商，并不需要额外投入资金就可以满足消费者减缓气候变化的要求，赢得消费者的青睐。作为燃油公司，壳牌是非常成功的。通过成功地将问题变为企业的优势，壳牌碳中和油气产品成为国际上绿色低碳营销的成功样板。这是十分值得国内外企业界学习和参考的。

此外，壳牌在购买用于碳中和的碳抵消项目时，明智地选择了公众喜欢的环保类或社区效益、生物多样性保护的项目类型，如林业碳汇项目、泥炭地保护恢复项目等，不仅有利于生态保护，发挥项目的多重效益，完成碳补偿和碳中和目标，更重要的是赢得了消费者的欢迎，维护了客户群，占领了市场。

选择碳抵消项目类型是开发碳中和产品时应高度重视的问题。在当前国内外高度重视碳中和的时代背景下，壳牌碳中和油气产品不仅没有阻碍销售和盈利，还实现了名利双收、多方共赢，其开发碳中和产品的做法和经验对我国企业具有重要的参考价值和指导意义。

（三）国内碳中和石油案例

1. 案例背景

本案例为中国第一个碳中和石油产品。

在中国作出碳达峰碳中和重大战略决策一周年之际，中国石化、中远海运、中国东航积极践行央企责任，带头开展碳中和产品——碳中和石油的认证工作，适时推出我国首个碳中和石油产品[①]。

2. 案例内容

2021年9月，上海环境能源交易所向中国石化、中远海运、中国东航颁发我国首张碳中和石油认证书。至此，我国首船全生命周期碳中和石油诞生。

该船3万吨原油产自中国石化国勘公司在安哥拉的份额油，由中国石化联合石化公司进口、中远海运承运、中国石化高桥石化炼制，共生产8963吨车用汽油、2276吨车用柴油、5417吨航空煤油、2786吨液化石油气、6502吨船用柴油、2998吨低硫船用燃料油。中国石化于2021年在特定加油站推出碳中和汽油、碳中和柴油，并与中国东航携手打造碳中和航班。

为抵消该船石油全生命周期的碳排放，中国石化、中远海运、中国东航积极实施节能减排策略，采用购买CCER的方式进行碳中和，还聘请上海环境能源交易所作为碳中和认证机构。本次购买的CCER项目有江西丰林碳汇造林项目、云南宾川县干塘子并网光伏电站项目等，在资助边远地

---

① 人民网. 我国首船全生命周期碳中和石油获认证［EB/OL］.（2021-09-23）［2022-03-28］. http://env. people.com.cn/n1/2021/0923/c1010-32234104.html.

区发展农林种植业、开发低碳绿色能源及巩固脱贫攻坚成果的同时，实现了中国首船碳中和石油的目标。

该项目邀请中国船级社质量认证公司作为第三方核查机构，准确核算出从石油开采到产品消费全生命周期所产生的二氧化碳，然后进行同等当量的中和。中国石化承担了原油开采、储存、加工、石油产品运输及车用汽油、车用柴油、液化石油气燃烧的碳排放抵消责任，中远海运承担了原油运输和船用燃料油燃烧的碳排放抵消责任，中国东航承担了航空煤油燃烧的碳排放抵消责任。

3. 案例启示

在国家贯彻落实碳达峰碳中和战略目标和国际油企积极创建碳中和石油的新形势下，中国石油生产和交通运输企业联合体顺应时代需要和企业发展要求，探索出一条跨行业、全周期、零排放的路径，创新开发了全国首个碳中和石油产品，对推动我国交通能源领域绿色发展、推进碳达峰碳中和战略目标和增强企业竞争力、促进企业可持续发展等具有重要意义。这种做法和经验值得相关企业开发碳中和产品时学习和借鉴。

（四）国外碳中和矿泉水案例

1. 案例背景

本案例为达能依云碳中和矿泉水。

法国跨国公司达能集团（Danone），为积极应对气候变化的需求，主动提出碳减排目标，积极采取减排行动，扎实推进碳中和产品实践。早在2015年联合国气候变化大会通过《巴黎协定》前，达能就承诺到2020年旗下子品牌依云在全球范围内实现碳中和，到2050年实现全价值链的碳中和。

2. 案例内容

为实现碳中和目标，达能决定首先通过其旗舰产品——天然矿泉水品牌依云矿泉水的碳中和来证明达能应对气候变化的决心和行动力[①]。2017年，为保证其低碳承诺和行动的可信度，达能委托碳信托公司（Carbon Trust）作为独立的第三方机构为依云矿泉水进行碳中和认证。经第三方碳信托公司认证，依云位于法国埃维昂莱班的改造装瓶厂，以及所有在北美和加拿大销售的产品实现了碳中和。这是依云第一个实现碳中和的业务单元，已在2017年9月获得认证。目前，达能在美国和加拿大销售的依云产品上展示了碳信托的碳中和标签，向消费者宣传其已经实现碳中和。

通过依云碳中和试点，达能集团推出了一系列低碳举措以减少产品的环境影响。2017—2018年，依云每升产品的总工业能耗已经减少了29%。这些减排措施如下：

- 2011—2020年，投资2.8亿欧元建成一座完全由可再生能源驱动的先进的装瓶场；
- 转向低碳物流，包括使用法国最大的私人火车站；
- 在全球的产品包装中增加可循环再生材料的比例，从目前的30%左右扩大到2025年的100%。

除了企业碳减排行动计划，自2018年起依云还与生计碳基金（Livelihoods Carbon Fund）合作在全球植树1.3亿棵，助力保护与恢复水生

---

① 张楠.碳信托案例：依云矿泉水——碳中和认证和标签［EB/OL］.（2019-03-26）［2022-03-23］. https://mp.weixin.qq.com/s/qFtUN57JxlNSJ_Rc4mun1Q.

态系统和当地社区，其中 8500 万棵是红树林，用于改善脆弱的沿海生态系统。这些树木吸收大气中的二氧化碳，由此产生的碳信用使依云在美国和加拿大的产品实现碳中和。依云持续的减排行动，加上通过生计碳基金购买的碳信用，使其品牌在 2020 年前实现了全球范围的碳中和。

美国达能水事业部依云营销副总裁奥利娃·桑切斯（Olivia Sanchez）说："今天的消费者期待企业在应对气候变化方面发挥主导作用。我们努力测量、减少和抵消我们的碳排放，并选择碳信托公司作为独立的第三方机构认证我们的工作。碳信托标签有助于消费者认识到我们在保护环境方面所遵循的标准。依云在美国和加拿大的碳中和为依云在全球范围内，以及达能集团的碳中和勾画了蓝图。"

2020 年 4 月 20 日，法国天然矿泉水品牌依云宣布获得碳中和全球认证。依云在 2015 年于巴黎举行的联合国气候变化大会上宣布这一目标，而后在美国、加拿大、德国、瑞士及其瓶装工厂陆续实现碳中和。2020 年 4 月 20 日是一个重要的里程碑，见证了依云在全球经营范围获得碳中和认证[①]。

3. 案例启示

达能顺应公众需要推出碳中和依云矿泉水，满足了消费者对企业应在减缓气候变化方面积极作为的期待，赢得了消费者的信任和支持，维护了达能的高端矿泉水市场，为达能带来绿色竞争力和长期经济利益。这是值得有关企业学习和参考的重要方面。

达能选择国际权威的碳中和认证标准和碳中和认证机构（碳信托公司）

---

① 达能官方网站. 依云获得碳中和认证，坚持承诺可持续发展的未来［EB/OL］.（2020-04-22）［2022-03-25］.http://www.fengsung.com/n-200422095936357.html.

开展依云矿泉水认证，从而减少了公众的疑虑，容易获得公众的认可，有利于消费者选购。这也是开展碳中产品认证中值得注意的重要方面。

碳中和依云矿泉水的成功给予我们重要启示，成功的碳中和产品可以为企业带来绿色形象、市场份额和经济收益，促进企业的可持续发展。

四、会议活动碳中和实践案例

碳中和会议，俗称"零碳会议"，通常是将一个会议活动的交通、餐饮、住宿、会议用电、其他（如会议材料等）排放源的温室气体排放量核查清楚，然后通过植树造林、森林经营或购买等量碳信用的方式予以抵消，实现会议排放量与人为吸收量或注销的碳信用额相等，达到温室气体净零排放的碳中和目标。

开展会议碳中和活动不仅可以减少向大气排放的温室气体数量，减缓气候变化的速度和危害，而更重要的是可以唤起社会各界对全球气候变化问题的关注，树立绿色低碳新理念，起到提高公众气候变化意识和应对能力的作用，从而推动社会各界积极参与应对气候变化实践，促进绿色发展，保护我们的地球家园。现在越来越多的会议主办方正在积极推动碳中和会议活动。

开展碳中和会议活动通常分为两步：一是由专业机构核查会议活动的碳排放量，制定碳中和方案；二是通过植树造林或购买等量碳信用的方式完成会议活动碳中和，其中使用林业碳汇中和会议碳排放是国际社会通行的好方式。

（一）中国绿公司年会碳中和实践案例

1.案例背景

中国绿公司年会由中国企业家俱乐部于 2008 年创办，致力于推动经济的长远及合理增长，传递正气的商业力量。该年会已成为由中国民营企业家参与的阵容强大的商业论坛。为传播绿色低碳理念，唤起社会各界尤其是中国企业家对气候变化问题的重视，2011 年以来中国企业家俱乐部在老牛基金会的资金资助下发起了中国绿公司年会碳中和活动。该活动由中国绿色碳汇基金会与合作单位密切合作，已连续组织实施了 10 年。十年碳中和，种下十片林；吸收碳排放，守护地球村 ①。

2.案例内容

自 2011 年开始，中国绿公司年会每年都会组织实施碳中和活动，实现年年零排放。坚持 10 年把一个年会办成碳中和会议，这在国内外会议历史上均创下了纪录。其具体做法是，先由中国绿色碳汇基金会组织专业机构对每年的中国绿公司年会的碳排放进行计量，提出碳中和方案，编写中国绿公司年会碳足迹计量与碳中和报告，然后再举办碳中和会议或零碳会议捐款仪式，主要环节包括中国绿色碳汇基金会领导宣读中国绿公司年会碳足迹计量与碳中和报告；由老牛基金会向中国绿色碳汇基金会捐赠造林款项，中国绿色碳汇基金会授予老牛基金会捐赠证书；中国绿色碳汇基金会授予中国绿公司年会主办方"碳中和会议"证书牌匾。自 2011 年以来，中国绿色碳

---

① 时雨.零碳会议让世界地球日更绿色——中国绿色碳汇基金会助力中国绿公司年会实现零碳排放［J］.绿色中国，2015（8）：76-77.

汇基金会在内蒙古、甘肃等地区的半干旱退化土地上共营造了 10 片中国绿公司年会碳中和林，累计人工造林 671 亩，种植了 5.2 万多株乔木树苗，这些树木的持续生长中和了 10 年来中国绿公司每年年会举办期间累计排放的 2525 吨温室气体 [①]，从而实现了中国绿公司年会的零排放和碳中和目标。

3. 案例启示

中国绿公司年会连续 10 年坚持实施碳中和会议活动，不仅体现会议主办方对应对气候变化的执着，同时在国内外发挥了重要的低碳办会的引领示范作用。中国绿公司年会 10 年来的碳中和会议对唤起中国企业家关心气候变化问题，主动应对气候变化，自觉践行低碳办公、低碳生产理念起到了积极的推动作用。此外，中国绿公司年会采用植树造林增汇的方式完成会议的碳中和，对于弘扬林业在应对气候变化中的特殊地位，增强企业家的森林意识、环保意识和保护气候意识具有重要的意义。在国际社会积极贯彻落实《巴黎协定》要求、国内认真推动落实碳达峰碳中和战略目标的新形势下，中国绿公司年会坚持 10 年开展碳中和会议的做法值得学习借鉴和宣传推广。

（二）联合国气候变化天津会议碳中和案例

1. 案例背景

2010 年 10 月 4—9 日，联合国气候变化会议在中国天津市梅江会展中

---

① 中国绿色碳汇基金会官网.中国绿公司年会连续十年实现碳中和［EB/OL］.（2020-09-29）［2022-03-25］.http://www.thjj.org/showfile.html?projectid=227&username=EDA1756B456&articleid=1194E1D24D BE4EA1BAAEF8B6ACB8945E.

心举行。来自 190 多个国家和地区的 4000 多名气候谈判代表和非政府组织代表出席了会议。为传播低碳绿色理念、提高公众的环保意识、唤起对气候变化问题的高度重视，中国政府决定把联合国气候变化天津会议（以下简称天津会议）办成一次碳中和的国际会议。

2. 案例内容

受国家主管部门国家发展改革委的委托，本次会议所产生的碳排放由中国绿色碳汇基金会出资造林增加的碳汇予以抵消，实现本次会议碳中和的目标。出资营造天津会议碳汇林是中国绿色碳汇基金会成立以来首次参与联合国应对气候变化的减排公益活动[①]。这次会议也是中国政府承办的第一个碳中和国际会议。

经清华大学专家测算，本次天津会议排放了 1.2 万吨二氧化碳。中国绿色碳汇基金会出资 375 万元组织在山西省昔阳、平顺等县营造 5000 亩碳汇林，未来 10 年可将本次会议造成的碳排放全部吸收，完成碳中和。按照碳汇造林技术的规定，中国绿色碳汇基金会出资营造的天津会议碳汇林，除了中和本次会议的全部碳排放外，还有助于改善当地环境、保护生物多样性。造林资金来自原中国国电集团公司和山西潞安环保能源开发股份有限公司向中国绿色碳汇基金会的捐赠。

在完成碳中和林营造后，2010 年 12 月 28 日，在山西省襄垣县举办了天津会议碳中和林揭碑仪式，向国际社会兑现了天津会议碳中和的造林承诺，展示了中国对本次碳中和会议承诺"言必信，行必果"的态度。

---

① 李金良.实现联合国气候变化天津会议"碳中和"[N].中国绿色时报, 2010–10–11（01）.

3. 案例启示

天津会议的最大亮点是把联合国气候变化会议办成了中国政府承办的第一次碳中和国际会议，这也是中国政府举办的第一次碳中和联合国气候会议。通过举办碳中和国际会议，向国际社会展示了中国政府对气候变化问题的重视和决心，有力支持了国际气候谈判工作。此外，本次会议采用植树造林增汇的方式实施碳中和具有多重效益，符合国际先进理念和通行做法，受到了联合国和国际社会的关注和赞誉。

值得关注的是，本次碳中和会议开启了中国政府举办碳中和国际会议的先河，在中国碳中和会议史上具有里程碑意义。对于中国后来举办的碳中和国际会议及碳中和实践的推动起到了积极的引领和示范作用，意义重大、影响深远。

（三）亚太经合组织北京会议碳中和案例

1. 案例背景

为打造 2014 年亚太经合组织（APEC）会议亮点，倡导绿色和可持续发展理念，展示 APEC 地区应对全球气候变化的实际行动，通过植树造林减缓与适应全球气候变化和改善生态环境，在国家林业局、北京市人民政府和外交部的积极推动下，中国政府决定将 2014 年 APEC 北京会议（以下简称北京会议）办成碳中和的绿色环保型会议。

2. 案例内容

经专业机构计量、中国绿色碳汇基金会审核，召开 7 天的北京会议共有 15000 人参会，期间包括国际和国内交通、餐饮、住宿、资料和会场用电等排放的温室气体共 6371 吨二氧化碳当量。

为了抵消本次 APEC 会议排放的二氧化碳，中国绿色碳汇基金会和北京市林业部门组织中国中信集团有限公司、春秋航空股份有限公司捐资，在北京市和河北省康保县种植了 1274 亩北京会议碳中和林，营造了由油松、侧柏、黄栌、五角枫、樟子松、榆树等适生树种组成的混交林，将 2014 年北京会议周的碳排放全部抵消，完成了会议的碳中和目标。

北京会议碳中和林植树启动仪式于 2014 年 11 月在北京市怀柔区雁栖镇举行。2015 年 5 月，北京会议碳中和林建成揭牌仪式在河北省保康县举行。中国兑现承诺，完成了北京会议碳中和林 1274 亩的造林任务①。

3. 案例启示

2014 年北京会议是 22 年来历届 APEC 会议中首次实现碳中和的会议。将本次会议办成碳中和会议具有很高的显示度，意义重大、影响深远。一是体现了 APEC 领导人推动亚太地区低碳经济和可持续发展的决心；二是体现了 APEC 地区应对全球气候变化的实际行动；三是展示了植树造林具有减缓与适应全球气候变化、改善生态环境、保护生物多样性、促进农民增收减贫等多重效益。本次碳中和会议也是中国政府举办的第二次碳中和国际会议。实践证明，通过结合大型国际会议举办碳中和会议，在进一步唤起社会公众对气候变化问题的重视、增强对绿色低碳和碳中和的认识、改变世界对中国的看法、推动国家应对气候变化战略实施等方面具有深远意义。

---

① 王旭东. 2014 年 APEC 会议碳中和林建设完成［N］. 中国绿色时报，2015-05-22（01）.

本次会议的做法具有显著的宣传展示效果，值得推广普及。本次碳中和会议为今后把 APCE 会议及其他国际会议办成碳中和会议提供了实例和经验，有利于推动会议和相关领域的碳中和实践。

（四）二十国集团领导人杭州峰会碳中和案例

1. 案例背景

为积极应对全球气候变化，体现二十国集团（G20）领导人推动全球低碳经济和可持续发展的决心，体现二十国集团成员国促进低碳发展、应对全球气候变化的实际行动，展示植树造林减缓与适应全球气候变化、改善生态环境、保护生物多样性、促进农民增收减贫等多重效益，在原国家林业局和浙江省人民政府的积极倡导推动下，中国政府决定把二十国集团杭州峰会（以下简称杭州峰会）办成碳中和绿色环保型会议。

2. 案例内容

2016 年杭州峰会碳中和活动具体由中国绿色碳汇基金会、浙江省林业厅、杭州市人民政府承担实施[①]，由中国绿色碳汇基金会负责组织会议碳足迹核算，并出具杭州峰会碳足迹计量及碳中和报告书。核算结果表明，2016 年杭州峰会会议期间的碳排放（包括国际和国内交通、餐饮、住宿、资料和会场用电等排放的温室气体）共有 6674 吨二氧化碳当量，通过在浙江省临安市（现为临安区）植树造林增加碳汇的方式实现会议碳中和。

中国绿色碳汇基金会动员、组织老牛基金会、万马联合控股集团分别

---

① 中国绿色碳会基金网站.2016 年 G20 杭州峰会碳中和项目启动仪式［EB/OL］.（2016-08-22）［2022-03-25］.https://www.forestry.gov.cn/thjj/4918/20210201/203758663476059.html.

捐资 65 万元、85 万元，由中国绿色碳汇基金会和浙江省林业厅、杭州市人民政府等单位在临安市营造由红豆杉、银杏、光皮桦、檫木、浙江楠等珍贵乡土树种组成的 334 亩碳中和林，未来 20 年林木生长吸收的二氧化碳量可以抵消杭州峰会排放的全部温室气体，从而中和碳排放，实现峰会零排放的碳中和目标。

2016 年 8 月 22 日，在杭州市举行了 2016 年杭州峰会碳中和项目启动仪式。2017 年 3 月 16 日，在临安市碳中和林项目区举办了杭州峰会碳中和林建成仪式，向国际社会兑现了承诺。

3. 案例启示

杭州峰会是中国政府举办的采用造林增加碳汇方式实现碳中和的第三次大型国际会议。

本次碳中和会议在国内外产生了广泛的积极影响，受到了国际国内的高度评价，有效宣传了应对气候变化和碳中和绿色办会的理念，为二十国集团会议及其他国际会议办成碳中和的绿色会议提供了参考案例和成功经验，有利于推动国内外会议活动及相关领域的碳中和实践。

实践再一次证明，结合大型国际会议开展碳中和会议实践具有显著的宣传展示效果，值得推广普及。

（五）2018 世界竹藤大会碳中和案例

1. 案例背景

为积极应对全球气候变化，体现竹子造林减缓与适应全球气候变化、改善生态环境、促进农民增收减贫等多重效益，在中国绿色碳汇基金会的积极倡导下，2018世界竹藤大会主办方决定把本届会议办成碳中和绿色会议。

2. 案例内容

经专业机构核算，在2018世界竹藤大会期间，所有人员交通、餐饮、住宿、能源等所产生的碳排放约为1970吨二氧化碳，其中交通排放1840吨，占总量的93.4%；住宿排放120吨，占总量的6.1%；饮食排放5吨，占总量的0.3%；会议用电排放2吨，占总量的0.1%；其他排放2吨，占总量的0.1%。中国绿色碳汇基金会将使用昆明苏格园林绿化工程有限公司的10万元捐款在云南省德宏州营造66亩碳汇竹林，预计在未来10年可将本次会议造成的碳排放全部吸收，以实现碳中和[①]。

目前，本次会议的碳中和竹林已经按计划高质量完成种植。

3. 案例启示

2018世界竹藤大会是世界竹藤大会史上第一次碳中和国际会议，利用竹子造林增汇的方式中和大会产生的所有碳排放。举办碳中和2018世界竹藤大会符合时代理念，受到了国际、国内的好评，为进一步推动利用竹林碳汇实现碳中和会议目标提供了真实案例和成功经验。

实践一次又一次地证明，结合大型国际会议开展碳中和会议实践效果显著、影响深远，值得推广普及。

---

① 消费时报网. 2018世界竹藤大会实现碳中和［EB/OL］.（2018-07-06）［2022-03-25］. http://www.xfsbs.com.cn/index.php/News/cont/nid/14064.html.

五、个人参与碳中和实践案例

在国际社会积极应对气候变化的新形势下，我们进入了倡导绿色低碳生活、实践碳中和的新时代。那么，对于个人来说，关键是要宣传低碳生活、践行低碳生活，参与碳补偿、消除碳足迹，共同推动碳达峰碳中和战略目标的实现。

低碳生活是指提倡低能量、低消耗、低开支的"三低"生活方式，把生活耗能降到最低，从而减少二氧化碳排放、减缓全球变暖。对普通人来说，我们应当如何响应国家的号召，从自己做起，践行低碳生活、助力国家"双碳"战略呢？具体可以采取以下实际行动：提倡简约生活，合理消费，杜绝浪费；尽量少开私家车，多采用公共交通工具出行，多步行或骑车出行；购买低油耗、低污染的小排量汽车或新能源汽车；减少食物浪费；提倡双面打印，减少纸张使用；午餐和下班时间关闭计算机、电灯电源；举办碳中和婚礼；参与碳中和飞行；参与捐款"购买"碳汇公益礼品卡；参与购买碳汇网络植树，履行义务植树；等等。

（一）碳中和婚礼实践案例

1. 案例背景

2014 年以来，在中国绿色碳汇基金会的积极推动下，为增加新时代婚礼的绿色时尚氛围和保护环境，倡导社会公众积极应对气候变化，保护地球母亲，我国开始了碳中和婚礼的探索实践，先后举办了 6 场别开生面的碳中和婚礼，影响大、效果好，受到社会欢迎。此处介绍三场碳中和婚礼。

2. 案例内容

（1）全国首个碳中和婚礼

2014 年 10 月 1 日，在举国欢庆伟大祖国母亲六十五华诞之际，山东省潍坊市一对有绿色环保情怀的新人——新郎刘超和新娘徐铭谦以一种独具匠心的方式来举办他们的婚礼[①]——由中国绿色碳汇基金会全力支持完成全国首个碳中和婚礼。

据专业机构碳核查和出具的"刘超与徐铭谦婚礼碳足迹及碳中和报告书"，本场婚礼共排放温室气体 6 吨二氧化碳当量，这对新人向中国绿色碳汇基金会捐资 6000 元，并提出在新娘家乡云南省大理州南涧县通过植树造林吸收二氧化碳来抵消本次婚礼的全部碳排放。中国绿色碳汇基金会利用这笔捐款在大理州南涧县选择当地乡土树种云南松造了 10 亩碳汇林，生长 1 年所吸收的二氧化碳即可抵消本次婚礼排放的 6 吨二氧化碳，实现碳中和的目标。

这就是全国首个碳中和婚礼。此刻，在美丽的云南有一片郁郁葱葱的松树林在不断成长，见证着一对新人的绿色时尚婚礼，实践着他们积极应对气候变化的绿色梦想。这本身就是一件非常有意义的事情。

（2）中芬碳中和婚礼

2015 年 6 月 27 日，来自北京的新郎与来自芬兰的新娘在北京的一家四合院内举行了一场特殊的碳中和婚礼[②]。

---

① 中国绿色碳汇基金会 . 2014 全国首个碳中和婚礼项目［EB/OL］.（2014-10-16）［2022-03-22］.http:// www.thjj.org/showfile.html?projectid=227&username=D3521F8F997&articleid=37013900A7EB45909BDD3 97912CC415B .

② 中国绿色碳汇基金会 . 中芬碳中和婚礼项目［EB/OL］.（2016-04-05）［2022-03-25］.http://www.thjj.org/ showfile.html?projectid=227&username=D3521F8F997&articleid=0436868B451A456DA33615776427A681.

该婚礼强调先减排，尽量减少婚礼过程中的二氧化碳排放，如没有纸质请柬，而是通过微信、短信等电子方式发放请柬；没有安排婚车，而是安排大巴车载送婚礼宾客低碳出行；没有分发喜烟或燃放鞭炮环节，以减少婚礼过程中的空气污染；没有专门购买婚纱礼物，而是选择了西装、旗袍这一类生活化的婚礼用品。即便如此，经过专业机构计量、中国绿色碳汇基金会审核，婚礼最终产生了 10 吨碳排放量，其中 9 吨来自大巴车及外国亲属乘机来华的交通碳排放。

为此，这对新人向中国绿色碳汇基金会捐资 1270 元，用于在北京种植由油松、侧柏等乡土树种组成的碳汇林，在未来 20 年内可完全抵消本次婚礼的碳排放，实现碳中和婚礼的目标。

（3）全国首个"零碳婚典"

2016 年 5 月 8 日上午，来自苏州、扬州和湛江等地的 5 对新人在鸟语花香的江南园林——苏州拙政园举行了一场别开生面的婚礼——全国首个景区"零碳婚典"①。本次婚典由中国绿色碳汇基金会指导，生态景区中国行组委会主办，苏州拙政园和零碳创意馆共同承办，兴博旅（北京）文化发展中心具体策划执行。

婚典过程分为室内与室外两个部分：新人们首先在拙政园李宅第四进二楼举行中式拜堂仪式。随后，在李宅庭院举行碳中和仪式，每对新人各捐资 1111 元（象征着"一心一意、一生一世"），共计 5555 元，由中国绿色碳汇基金会组织在云南省大理州南涧县营造 5 亩云南松林（当地乡土树种），

---

① 中国绿色碳汇基金会.全国首个景区"零碳婚典"在拙政园举行［EB/OL］.（2016-05-09）［2022-03-25］.http://www.thjj.org/act-2.html.

在两年内将本次婚典产生的 12 吨二氧化碳排放全部吸收，以实现"零碳婚典"的目标。整场婚礼不仅让新人们融入了明清时期江南人家的生活场景，还在传统中式拜堂仪式中加入了绿色、低碳等元素，让人耳目一新，韵味无穷。

3.案例启示

举办碳中和婚礼活动，实现婚礼碳中和，践行绿色低碳新生活，不仅新奇有趣，还很环保时尚，意义非凡。把普通人认为高深莫测的碳汇、碳中和、低碳、绿色等应对气候变化相关理念融入老百姓的婚礼中，让普通人更加容易理解气候变化和碳中和的含义，以及如何做才能通过碳中和来保护地球母亲、拯救人类自己，为宣传推广碳中和理念、贯彻国家碳达峰碳中和战略开辟了一条新的思路。

（二）"购买碳汇"履行义务植树案例

1.案例背景

30 多年来开展的全民义务植树运动成就巨大、成效显著，为世界各国保护环境、改善生态、增汇减排、应对气候变化、共同维护绿色地球家园做出了典范，并在国际上赢得了广泛赞誉。

然而，我国目前的生态环境仍然比较脆弱，全国仍有近 3000 万公顷宜林地需要造林绿化。这些宜林地大多地处偏远山区且立地条件差、水资源短缺、适生树种少、造林难度大、专业化要求高。非专业的城乡居民亲自前往植树造林不仅成本高、碳排放多，而且苗木成活率低、栽植效果差。在改善生态条件、应对气候变化的全球大背景下，我国增加森林资源、依法保护和改善森林生态系统任重而道远。为此，中国绿色碳汇基金会在2011年中国植树节到来之前，于3月11日向全国发出"绿化祖国·低碳行动"植树节倡议并同步启动首届"绿化祖国·低碳行动"植树节公益活动，为广大公众搭建了一个"足不出户，低碳造林"，参与绿化祖国、履行义务植树的专门平台[①]，主要依托网络线上捐款参与网上植树，履行义务植树。所募集的资金由中国碳汇基金会组织专业公司造林，不仅保证了苗木成活率和造林质量，还能减少公民个人到现场植树及组织相关活动而造成的碳排放，这是目前国际上倡导的低碳植树造林的有效方式。

这种义务植树履行方式丰富了义务植树尽责的形式，满足了城市适龄居民履行义务植树的要求，至今已举办了11届，累计捐资数百万元。资金用于在全国多地部署个人捐资与全民义务植树碳汇造林基地。其中，临沂、沈阳就是两个典型代表。

2. 案例内容

（1）临沂市义务植树碳汇造林项目

临沂市积极组织公众通过捐款、购买碳汇的方式完成义务植树责任。完成的义务植树碳汇造林项目[②]如下：2015年，在河东区汤头街道办事处龙车辇社区营造生态防护林共16亩，主要造林树种为水杉；2016年，在临沭县玉山镇夹谷山景区造林30亩，造林树种为黑松和红叶石楠；2017年，在

---

① 中国绿色碳汇基金会."绿化祖国·低碳行动"植树节倡议［EB/OL］.（2011–03–11）［2022–03–25］. http://www.thjj.org/act.html.

② 中国绿色碳汇基金会.绿色生活项目 | 临沂市义务植树碳汇造林项目［EB/OL］.（2020–05–20）［2022–03–25］. http://www.thjj.org/act.html.

莒南县洙边镇葛家山村寨山水库北岸营造水土保持涵养林 26 亩，栽植黑松、白皮松和海棠苗木 1960 株。这些项目均由原临沂市林业局负责协调实施和监管。造林项目营造了适宜市民休闲游憩的森林景观，发挥了森林的多种效益和碳汇作用；同时，也提高了当地企事业单位参与国土绿化、建设绿色生态家园的意识，实现了经济社会的可持续发展。

（2）沈阳市全民义务植树碳汇造林项目

沈阳市积极组织公众通过捐款、购买碳汇的方式完成义务植树责任。2016 年，在沈阳市康平县孙家店林场完成造林 53 亩，造林树种为云杉、樟子松和银中杨；2018 年，在沈阳市康平县孙家店林场完成造林 50 亩，造林树种为樟子松。这些项目由原沈阳市林业局负责协调实施和监管[1]，对沙漠化严重的康平县构建当地防护林体系、改善生态环境、保护生物多样性、应对气候变化、增强当地适应气候变化能力等起到了重要的作用。

3. 案例启示

中国绿色碳汇基金会推出的"购买碳汇"项目主要通过网上捐款的方式（包括中国绿色碳汇基金会官方网站支付捐款、银行转账、电话、邮局汇款等途径）进行网上植树，然后委托专业队伍线下实施专业的造林管护任务，让专业的人做专业的事，做到"足不出户、低碳植树"，履行了义务植树责任，比较好地解决了我国义务植树实践中遇到的"找地难、栽不活、无人养"的难题，提升了公众义务植树的尽责率，有效推进了公众参与碳补偿，消除了碳足迹，践行了碳中和。通过身体力行、低碳植树，达成了

① 中国绿色碳汇基金会.绿色生活项目|沈阳市全民义务植树碳汇造林项目［EB/OL］.（2020-05-20）［2022-03-25］. http://www.thjj.org/act.html.

公众绿化祖国、应对气候变化、保护地球家园的心愿。这种"购买碳汇"履行义务植树的方式易于公众参与、简便易行、符合时代需求，有利于推进国家碳达峰碳中和战略决策和经济社会绿色发展，值得进一步推广。

（三）"碳汇公益礼品卡"助力碳中和案例

为帮助公众参与碳补偿、消除碳足迹、实践低碳生活，同时推动我国碳汇林业建设，改善生态环境，减缓和适应气候变化，2011年1月，中国绿色碳汇基金会推出了第一批"碳汇公益礼品卡"系列产品[②]，倡导公众"购买碳汇礼品卡"助力碳中和。

2011年1月18日，中国绿色碳汇基金会举行媒体见面会，推出系列新举措，为社会各界参与碳补偿、消除碳足迹提供便利。当天，中国绿色碳汇基金会推出中国第一批"碳汇公益礼品卡"系列产品。碳汇公益礼品卡包括春节贺卡、情人节贺卡、生日贺卡等各种节日及纪念日贺卡等，倡议广大公众从现在起采用绿色、低碳、时尚的祝福方式参与增汇减排全民行动，共同应对气候变化。公众主要通过网上捐款的方式"购买碳汇礼品卡"，卡上会标注捐资者、受捐者、造林地点、获得碳汇量等信息，并可在官方网站上查询。购买碳汇实际上是一种公益捐赠行为，因此与每一个礼品卡配套的还有公益捐赠收据、碳汇购买凭证。

通过推出碳汇公益礼品卡将中国注重礼仪的传统文化与绿色公益行动及碳补偿、碳中和有机结合起来，营造送碳汇公益礼品卡就是送环保、送

---

② 新浪公益，中国绿色碳汇基金会推出系列举措助力碳补偿［EB/OL］.（2011–01–18）［2022–03–22］. https://gongyi.sina.com.cn/greenlife/2011-01-18/180423490.html.

低碳的绿色时尚氛围，有利于帮助公众以互助的方式参与碳补偿、消除碳足迹、践行碳中和，有利于公众参与植树造林、改善生态环境、增加碳汇、应对气候变化的伟大实践。

六、本章小结

　　本章在分析国际碳达峰碳中和进展的基础上，对欧盟碳中和实践案例进行了分析和介绍；同时，分享了中国早在 10 多年前逐步开展的企业、组织机构和会议的碳中和实践案例，介绍了案例活动的具体操作情况，包括全球首家碳中和银行案例、国内碳中和银行实践案例、国际机构碳中和实践案例、国内包装企业碳中和案例；介绍了国际碳中和产品的现状和进展，通过分析、介绍国外碳中和机油案例、国外碳中和油气案例、国内碳中和石油案例和国外碳中和矿泉水案例，阐述了产品碳中和的做法、意义和启示。采用中国绿公司年会碳中和案例和中国政府承办的三次碳中和国际会议及 2018 世界竹藤大会碳中和案例，介绍了碳中和会议的意义、路径和做法，为举办碳中和会议提供了案例参考和做法经验。通过介绍碳中和婚礼案例、"购买碳汇"履行义务植树案例、"购买碳汇公益礼品卡"助力碳中和案例，展示了个人如何参与碳补偿、消除碳足迹、实践低碳生活、助力碳中和的方式。

　　本章通过不同层次的实践案例分析，为我国开展有关碳达峰碳中和相关工作提供了案例参考、路径做法和经验启示，意义重大。

后　记

　　饱受暴风雪灾、极端高温、罕见暴雨、极端干旱、汹涌洪水、疯狂蝗灾、肆虐疫情等极端天气和自然灾害反复碾压摧残的人类，是不是会痛定思痛，在夜深人静时抛开世间的浮躁，静下心来想一想，如果全球平均气温升高1℃、2℃、3℃、4℃、5℃、6℃……，世界到底会怎样？人类会怎样？子孙后代会怎样？

　　英国科学家马克·林纳斯（Mark Lynas）曾经在对数千份科学报告进行认真研究之后，撰写了一部有关全球变暖危害的预测书，书名为《6℃：我们在一个越来越热的星球上的未来》(*Six Degrees：Our future on a hotter planet*)，该书荣获 2008 年英国皇家学会科学图书奖，现已被翻译成 23 种语言。该书首次向世人系统描绘了全球平均气温变暖 6℃后全球面临的各种可怕的灾难。如果地球温度升高 6℃，整个世界将会面临难以想象的严重灾难，会导致翻天覆地的巨大变化，危害到几十亿人的安危，并且这种变化也可能发生在本世纪末之前。美国国家地理频道在《改变世界的 6℃》(*Six Degrees Could Change The World*) 节目中对此进行了探讨。让我们来看一看，如果全球升温 6℃，将引起哪些触目惊心的后果。

全球平均气温上升 1℃：美西粮仓变成大漠，非洲沙漠变成桑田！

全球平均气温上升 2℃：海平面上升约 7 米，1/3 的动植物灭亡！！

全球平均气温上升 3℃：气候彻底失控，上演生态灾难！！！

全球平均气温上升 4℃：人类粮食吃紧，欧洲人大迁徙！！！！

全球平均气温上升 5℃：海水淹没大多数陆地，海洋生物大量灭绝！！！！！

全球平均气温上升 6℃：地球面临大灭劫难，95% 的种类灭绝！！！！！！

地球发烧得越来严重！原国务院参事徐锭明说，"地球很生气，后果很严重！"我们不难发现，事实正一步一步地证实，大气中的二氧化碳浓度越来越高，工业革命以来的短短 200 年时间，大气中的二氧化碳浓度就从工业化前相对稳定的 280 ppm（1 ppm= 百万分之一）一路飙升到现在的 415 ppm，不断刷新有史以来的最高纪录。地球气温也随之越来越高。特别是近 20 年来，是近 100 年来最热的 20 年。极端天气和自然灾害越来越频繁，一遍又一遍暴打人类，人类已经被折磨得遍体鳞伤，损失惨重、教训深刻。

我们不得不承认，全球气候变暖引发的反常现象已经变成常态化，危险信号几乎无处不在，地球村的每一个村民几乎无处可躲。我们是否应该反省人类对大自然的所作所为？正如联合国格拉斯哥气候大会开幕之际那只"恐龙"对人类的发问："你们人类自取灭亡的借口是什么？"大自然会不会对人类的过度贪婪和对自然的无情掠夺进行报复呢？大自然是不是正在逐步兑现马克·林纳斯的"6℃危害"的预言呢？

作为万物之灵的人类，相信我们不会听之任之，使自己从地球消失。

那么，我们人类要选择几摄氏度呢？1℃、2℃、3℃、4℃、5℃，还是6℃？

通过艰苦卓绝的国际气候谈判，近200个国家终于在联合国巴黎气候大会上通过了《巴黎协定》及其全球一致的长期温控目标，即把全球平均气温较工业化前水平上升幅度控制在2℃以内，并向控制在1.5℃以内而努力。这也是人类能够在地球上继续生存下去的基本要求。

人类的行动目标已经明确。作为地球村的村民，我们每一个国家和地区都要按照《巴黎协定》的要求，采取有效措施和有力行动，努力实现自己的自主贡献目标，为保护人类自己做出积极的努力和贡献！

作为具有五千年中华文明、光辉灿烂中华文化、天人合一哲学思想、知行合一科学智慧、艰苦奋斗创业精神的中华民族，我们应积极引领全球应对气候变化和碳中和实践的伟大行动，努力推动实现《巴黎协定》达成的长期温控目标，为构建人类命运共同体、拯救地球家园、保护人类生存空间贡献中国智慧和中国力量。这无疑是每一个有历史责任担当、有良知的中国人的时代愿望和行动目标！

地球同村，命运相连；求同存异，共创未来；共抗变暖，达峰中和；减排增汇，能源革命；和谐共生，绿色发展；生态文明，地久天长。为了我们自己的美好明天和子孙后代的光明未来，让我们立即行动起来吧！

作者

2022年3月25日